主义的实践

服运动

张小月 著

文化藝術出版社
Culture and Art Publishing House

图书在版编目（CIP）数据

汉服运动：民俗主义的实践/张小月著.
-- 北京：文化艺术出版社，2025.3.
ISBN 978-7-5039-7811-1
Ⅰ.TS941.742.811

中国国家版本馆 CIP 数据核字第 2025YA7642 号

汉服运动：民俗主义的实践

著　　者　张小月
责任编辑　叶茹飞
责任校对　董　斌
书籍设计　李亚琦
出版发行　文化艺术出版社
地　　址　北京市东城区东四八条52号（100700）
网　　址　www.caaph.com
电子邮箱　s@caaph.com
电　　话　（010）84057666（总编室）　84057667（办公室）
　　　　　　　　　84057696—84057699（发行部）
传　　真　（010）84057660（总编室）　84057670（办公室）
　　　　　　　　　84057690（发行部）
经　　销　新华书店
印　　刷　中煤（北京）印务有限公司
版　　次　2025年4月第1版
印　　次　2025年4月第1次印刷
开　　本　787毫米×1092毫米　1/32
印　　张　6.5
字　　数　162千字
书　　号　ISBN 978-7-5039-7811-1
定　　价　78.00元

版权所有，侵权必究。如有印装错误，随时调换。

前言

本书的选题，是基于笔者对汉服运动近 20 年的关注。笔者自幼对古代历史民俗文化充满兴趣，觉得它们不同于日常生活，十分特别且充满神秘感，尤其受古装剧的影响，对古代服饰及古人形象十分向往。与众多 80 后、90 后一样，笔者儿时也会将床单披在身上，和姐妹扮演《新白娘子传奇》等古装剧中的人物。进而，在少年时期有了国家/民族意识后，对中国的传统文化更是多了一份自豪感。特别是 2001 年 10 月上海 APEC 会议的闭幕式上，各国领导人穿着具有中国传统元素的"唐装"亮相，在国际场景中通过"他者"的对照，民族服饰所塑造的民族形象进一步加强了笔者的民族自豪感。据这次唐装的设计者表述，这款服饰是从清末及民国时期传统马褂的款式引申而来的，形制依托于马褂或中式对襟短袄，又进一步对其进行了装袖、垫肩等西式立体剪裁技艺的改造，因此，与一般的中式连袖短褂相比较，它显得更为挺括。[1] 这一场在"国际"场景中的中式服装展示，使当时刚上初中的笔者第一次将"民族服饰"

---

[1] 参见周星《百年衣装——中式服装的谱系与汉服运动》，商务印书馆 2019 年版，第 146 页。

与"民族自豪感"联系起来,第一次有了"国服"这一概念。直至2003年某日,笔者于家中无意间观看了一部日本综艺节目,其中一位穿着和服的女嘉宾吸引到了笔者。当看到她用和服宽大的袖子遮掩面部羞涩微笑的一幕时,笔者瞬间产生了一个疑惑:人们常说的和服受中国传统服饰影响,不就是古装剧里常出现的"y"字领、宽袍大袖这样的服饰吗?唐装为什么看起来不一样呢?后来笔者又通过历史课的学习了解到了"剃发易服",知道了这种"古人形象"消失的原因。原本的"交领右衽""宽袍系带"的民族形象,被"立领""盘扣"等当时笔者误以为是"满族元素"的文化符号[1]取代,而"交领右衽""宽袍系带"则成了日韩形象的代表。原本就在审美上更倾向于"古装"的笔者对此感到很不是滋味。亦是从此时起,笔者十分期望有一天"古装"能作为民族服饰,像旗袍、唐装一样可以被大大方方穿出门,甚至代表中国人的形象出现在世界舞台。终于,2007年高考临近前,笔者在CCTV10看到了"汉服"的报道,这让笔者无比激动——原来并不是我一个人意识到了这个问题,原来它已被取名为"汉服",原来已经有人为复兴汉服而奋斗,这场奋斗被称为"汉服复兴运动"(简称"汉服运动")。随后笔者立即打开电脑,在百度上检索了"汉服"字眼,由此开启了探索汉服复兴的历程。以上是笔者关注汉服运动的缘起。

在知道了"汉服"后,笔者一直作为汉服运动的实践者——"汉服同袍",于百度"汉服吧"(即当时汉服运动的主要阵营之一的网络贴吧平台)探讨汉服复兴的话题。在探讨的过程中,笔者关注

---

[1] 事实上这些元素在清代以前就被运用在汉族服饰上,并非满族元素。只是在清代的发展及使用最为鼎盛。

的重点很快由最初的"宣传汉服"转向了"如何解决汉服运动实践中的问题",其中包含了"如何使汉服看起来更现代更美观""如何重新建构汉服体系"等。在当时,亦有许多同袍与笔者有同样的问题意识。再因日本和服算是比较公认的"传承得较好""都市感较强"的民族服饰,因此在思考这些问题时都会不自觉地将参考目光转向和服,试图通过和服找到复兴汉服的思路。这也是笔者后来选择在日本研究汉服运动的原因。

起初研究汉服运动,是为了寻找如何复兴汉服的答案。但随着近些年汉服运动的硕果累累,以及笔者数年间的民俗学及文化人类学的学习经历,如今笔者有了新的感悟与研究汉服运动的目的。首先,笔者认为汉服运动并不太需要通过学术的介入来得以成就,它完全有独立成长的生命力,正如它最初在民间自然生根发芽一样。这也是笔者在本书中将汉服运动视为"新民俗"的原因之一。其次,民俗文化的主体是"民",通过文化理解"民",亦是民俗学的学科任务之一。笔者认为,文化是时代中的"人"与"环境"对话下的产物,汉服运动便是当代中国都市社会大环境下的"天时地利人和"。汉服运动表象是"衣",实则为"人",无人思衣则无衣,无人穿衣衣无意。因此,汉服运动研究不只是讲述汉服运动本身,更希望通过研究汉服运动来理解实践汉服运动的人以及汉服运动与当代中国都市社会的千丝万缕,进而反射当代中国都市的人文景象。

目录

001		导言
023	**第一章**	**汉服运动概要**
025	第一节	汉服运动的兴起及发展
031	第二节	汉服运动的实践群体
037	第三节	"汉服"的界定
046	第四节	汉服运动的理念流派
051	**第二章**	**汉服运动实践者的自我表达**
053	第一节	汉服同袍与"人设"建构
056	第二节	汉服"人设"群像
081	第三节	"人设"建构中的民俗主义

093	第三章	汉服民俗应用的建构实践
095	第一节	汉服应用的探索历程
102	第二节	汉服与民俗——以汉洋折衷流派为例
118	第三节	从汉洋折衷看汉服民俗应用中的民俗主义

127	第四章	商业语境中的汉服运动
129	第一节	汉服运动商业化的形成
134	第二节	商业化对汉服运动发展的推动
156	第三节	从文化象征到商业资源
165	第四节	商业语境中汉服运动的民俗主义

171	结语	汉服运动中的民俗主义

179	附录	调查过程
191	谢辞	

导言

本书试图通过民俗主义视角来讨论以中国都市年轻群体为实践主体的汉服运动与当下中国都市文化生活之间的关系。带有民族意识属性的汉服运动，从正面理解，是中国全球化、多民族社会背景下觉醒的文化认同、身份认同、文化自觉，是一场汉民族文化的复兴运动，亦是民国时期曾短暂出现过的汉服复兴的延续。[1] 当下的汉服运动研究对汉服运动的成因及实践活动的关注，大多集中在实践者群体本身，以及他们在民族主义色彩言说框架下的行为，却很少着眼于中国社会大环境对汉服运动的滋养，以及置身这一环境下汉服同袍个体的生活需求。笔者认为，复兴民族服饰并非有主观动机就可以，还需倚仗各种社会条件、传播途径。

笔者在田野调查中发现，近几年间，汉服运动呈现出明显的通俗化、娱乐化倾向。一方面，汉服市场消费人群数量、销售规模、销售数量等各项数据爆发性增长；另一方面，汉服运动不断获得文

---

[1] 参见韩星《当代汉服复兴运动的文化反思》，《内蒙古大学艺术学院学报》2012年第4期。

化政策、文化经济，以及像数码游戏、国风动漫等流行文化、亚文化之类的外部领域的资源。这便使汉服运动一直以来对汉服进行历史性、民族性宏大叙事的实践特征逐步消解。此外，若着眼于每一位同袍个体，亦很容易感知到，"穿汉服"无非是他们服装生活的一部分，汉服对于他们每个人的生活意义与功能也不尽相同。丹·本-阿默思认为，小群体内的艺术性交际便是民俗。在此基础上，周星认为"汉服圈"的文化实践完全可以纳入现代民俗学的研究范围。[1] 此外，汉服文化实践近些年来呈大规模"破圈"势态，"穿汉服"已不仅限于"汉服圈"，尤其在都市中具有长期且稳定的流行性，亦可将其视为当代都市生活中的民俗之一。

当下，汉服运动已经历 20 余年，1995 年，乃至 2000 年后出生的年轻群体已然成为当代汉服运动的主体。在世代交替与网络社会变革的双重背景下，汉服运动也出现了许多新的实践动向。笔者通过田野调查发现，当下的汉服运动实践主要有两个方面：一、挖掘历史，发现汉服文化最"本真"的"过去"；二、将再发现的文化素材进行再生产，试图将其转化为现代民俗。以往的汉服运动研究对前者关注得较多，而对后者却往往忽视同袍们对民俗改造应用的主观能动性。在此便涉及有关汉服运动实践中"本真"与"建构"的问题。这亦可谓讨论汉服运动话题始终绕不开的一个论点。对此，无论是学术界还是一般民众都有许多各自的看法。尤其是笔者在田野调查期间亦发现，虽然许多线上网友及线下群众对汉服运动的着装风貌或活动意义等表示赞赏，但亦有不少人质疑汉服运动所实践

---

[1] 参见周星《现代民俗学应该把乡愁与本真性对象化》，《华东师范大学学报（哲学社会科学版）》2021 年第 1 期。

的汉服文化并不是真正的"传统"或"民俗",甚至认为它们是凭空捏造的。

对于"伪民俗"(Fakelore)或"假传统",民俗学领域用"民俗主义"(Folklorismus)这一术语来展开文化"本真性"的讨论。作为民俗学术语的"民俗主义",最早出现在德国民俗学家汉斯·莫泽于1962年发表的论文《论当代民俗主义》中。德国民俗学自建立学科以来便带有浪漫主义、民族主义色彩,且服务于国家精神建构,也曾沦为纳粹的政治工具。直至二战结束后,德国民俗学对以往传统的民俗学进行了整体的反思与重建。此时亦正值德国经济恢复期,民众生活水平得到改善,社会生活发生急速变化,现代民俗文化的生存方式也随之改变,出现一股追求异域、异地风情的"旅游文化热""民俗热",整个社会都非常热衷于享受和消费民间文化和乡土文化,许多传统被重新挖掘甚至发明出来。[1]"昔日民俗的神圣被瓦解,它被重新发现且被运用于艺术、文化政策及商业当中",汉斯·莫泽在《论当代民俗主义》中将这种情况称为"二手民俗的传播和演绎"。汉斯·莫泽对于民俗主义的考察与论述主要着眼于商业旅游与大众传媒的影响与作用,目的是说明民俗成分的利用和滥用存在多种形式,现在有,过去也有,都可以归结在民俗主义的概念之下。他强调,"民俗主义"是一个中性概念,它们不是脱离民间精神的自我袒露,而是表达了应对经济和社会危机的现实的必要性,在这样的事实基础上,去除民俗学的浪漫色彩是不可拖延且

---

[1] 参见於芳《民俗主义的时代——民俗主义理论研究综述》,《河南教育学院学报(哲学社会科学版)》2007年第3期。

艰巨的任务。[1] 值得注意的是，汉斯·莫泽的研究案例中亦涉及大量与本书相关的传统服饰的民俗主义现象。在他的考察中，那些民间服饰被改造得五光十色充满幻想，却被当作古老的样态，它们不再是民众的生活，而是被展演的装饰物。甚至那些以保护传统文化为名义的协会、组织，为了塑造被期待的"古老特色"而仿制甚至凭空捏造"民族服饰"，并让当地人在节庆日穿上它们进行表演。由汉斯·莫泽提出的"民俗主义"对后来的民俗学产生了十分重要深远的意义。

同时期德国民俗学家赫尔曼·鲍辛格十分赞赏汉斯·莫泽对历史传承的深刻认识，并强调了民俗主义概念的重要性。他对民俗主义概念的重视，与他一直以来倡导民俗学新方向的主张有关。赫尔曼·鲍辛格在1961年出版的《技术世界中的民间文化》一书中就已将传统视为一种创造而非传承。他认为，日常生活中的文化有一成不变的部分，但它也常常与当下的技术发生融合，产生新的样态或意义，人们的生活一直都在与时俱进。对于民俗主义，赫尔曼·鲍辛格在《关于民俗主义批评的批评》中提出了八个看法：1. 民俗主义是对昔日民俗的应用。2. 第一手和第二手的传统常常相互交织。3. 在经济领域中的相互交织并不是什么新鲜事，不能由于个体商家盈利以及与风俗题目有关的大众媒体的商务活动就认为所有民俗主义倾向都商业化。4. 民俗主义表现的功能要在个案中进行调查。要注意作为对比需求的自然形态，注意生活情趣的提升，注意社会秩序及其重点强调的功能。5. 民俗主义批评常常只看到一个方面。他

---

[1] 参见［德］汉斯·莫泽《民俗主义作为民俗学研究的问题》，简涛译，载周星、王霄冰主编《现代民俗学的视野与方向：民俗主义·本真性·公共民俗学·日常生活（全2册）》，商务印书馆2018年版，第96页。

们无视由于视角不同而感受到的功能差异,而不是对它们进行全面评判。6. 民俗主义是角色期待的产物。对民俗主义的批评是对迄今为止的角色定制扩展的批评。7. 谁反对民俗主义而玩"本来的民间文化",谁就将由此进入一个封闭的圈子,在这个圈子里不可避免地朝着民俗主义发生突变。8. 关于民俗主义的批评常常建立在它自己的基础之上,民俗主义正是在这个基础之上生长发育的。民俗主义和民俗主义批评在很大程度上是一致的。[1]1984 年,《物语百科事典》收录了赫尔曼·鲍辛格对"民俗主义"定义的词条。他在词条中对民俗主义概念的定义是"在一个与其原初语境相异的语境中使用民俗的素材和风格元素"。具体指:1. 民俗主义是民俗得以"提升"的一种可能,是利用传统的符号来复活和发展艺术的表现形式。2. 民俗主义是以怀旧为目的的文化产业对民俗的改造与销售。3. 民俗主义是精英文学与艺术对民俗的再语境化,口头传承的形式被印刷、影视等现代传媒介质逐渐替代,在这过程中,原生态民俗常常仅被作为一种素材穿插在各种表演之中。[2]

20 世纪 70 年代,民俗主义概念在美国围绕对"伪民俗"的讨论被展开。1950 年,美国学者理查德·道尔森发表论文《民俗与伪民俗》,由此创造了"伪民俗"概念。他认为,这些所谓的"民俗"实际都是打着地道的民间传说旗号造假和合成出来的作品,这些作

---

[1] 参见[德]赫尔曼·鲍辛格《关于民俗主义批评的批评》,简涛译,载周星、王霄冰主编《现代民俗学的视野与方向:民俗主义·本真性·公共民俗学·日常生活(全 2 册)》,商务印书馆 2018 年版,第 97—111 页。

[2] 参见[德]赫尔曼·鲍辛格《民俗主义》,王霄冰译自《童话百科全书》第四集,载周星、王霄冰主编《现代民俗学的视野与方向:民俗主义·本真性·公共民俗学·日常生活(全 2 册)》,商务印书馆 2018 年版,第 112 页。

品不是来自田野，而是对已有文献和报道材料不断进行系列的循环反刍的结果，有的甚至纯属虚构。在理查德·道尔森看来，伪民俗与民俗有明确的好坏之分。[1] 1969年，理查德·道尔森在发表的《伪民俗》中提出存在于美国的诸如大众化、商业主义、传播媒体等将文化卷入其中的伪民俗问题，指出意识形态对民俗的操作是更为阴险、不可大意的伪民俗，并在结尾部分触及民俗主义。[2] 1973年，"现代世界民俗学"国际会议中，理查德·道尔森介绍了民俗主义概念和鲍辛格的著作，之后撰文指出应该对商品化或意识形态化的伪民俗、民俗主义与传统民俗进行区分，这表明他将伪民俗和民俗主义当作同一层次的不同类别的东西来看待。[3] 理查德·道尔森对"伪民俗"的批判遭到了同时期诸多美国民俗学者的反驳。如同样作为"现代世界民俗学"国际会议成果之一的罗杰·亚伯拉罕与苏珊·卡尔切克共著的论文《民俗与文化多元主义》指出，在现代美国复杂且又异质的文化状况下，族群集团表演各自的民族传统，以维持其族群认同的需求非常强烈，并主张民俗学研究今后应转换为采用民族志的方法，重视言语和交流，以及共时性的、非历史性的表演研究，不必介意真与假，或者民间与通俗之间的界限。1984年，美国学术团评委会人文社会科学部门与匈牙利科学学会的共同委员会主办的以"文化、传统、认同"为主题的国际研讨会的召开，极大推动了

---

[1] 参见［美］阿兰·邓迪斯《伪民俗的制造》，周惠英译，载周星、王霄冰主编《现代民俗学的视野与方向：民俗主义·本真性·公共民俗学·日常生活（全2册）》，商务印书馆2018年版，第567页。
[2] 参见於芳《民俗主义的时代——民俗主义理论研究综述》，《河南教育学院学报（哲学社会科学版）》2007年第3期。
[3] 参见於芳《民俗主义的时代——民俗主义理论研究综述》，《河南教育学院学报（哲学社会科学版）》2007年第3期。

美国民俗主义的发展,研究成果被相继发表成论文。其中,达林·德科在论文《匈牙利人在新旧国家的认同表现对于民俗的利用》中认为,民俗在学术研究的目的下得到搜集和解释,或者被专家作为可以利用的素材而予以资料化,进而还作为博得人气的节目被演出,此类学术的、应用的和娱乐的各种情形,均对民俗的承载者施以切实的影响,并形成了复杂的循环过程。出自农民社会的民俗作为认同的表现,或作为传统化的对象,在现代社会面临着被选取的过程,民俗和民俗主义的概念是相互渗透的,而不可能是相互排斥的。[1]阿兰·邓迪斯在《民族主义的自卑意识和伪民俗的捏造》中指出:"伪民俗和每每被归结为伪民俗的民俗商品化亦即民俗主义,这两种情形都不是全新的现象,全新的只是民俗学家终于察觉到了它们的存在,并开始认真地对它们展开了研究。"[2]1999年,古提斯·史密什发表《民俗主义再检省》,重新讨论其概念于当今民俗研究的适应性,并将民俗主义重新定义为是将民俗的传统作为族群集团的、地域的、国家的文化象征而予以反复的确认。[3]

---

[1] 参见[日]八木康幸《关于伪民俗和民俗主义的备忘录——以美国民俗学的讨论为中心》,周星译自《日本民俗学》第236号,载周星、王霄冰主编《现代民俗学的视野与方向:民俗主义·本真性·公共民俗学·日常生活(全2册)》,商务印书馆2018年版,第595页。

[2] [日]八木康幸:《关于伪民俗和民俗主义的备忘录——以美国民俗学的讨论为中心》,周星译自《日本民俗学》第236号,载周星、王霄冰主编《现代民俗学的视野与方向:民俗主义·本真性·公共民俗学·日常生活(全2册)》,商务印书馆2018年版,第596—597页。

[3] 参见[美]古提斯·史密什《民俗主义再检省》,宋颖译,《民间文化论坛》2017年第3期。

日本的"民俗主义"概念，最早见于1982年坂井洲二所著的《德国民俗纪行》之"民俗热和旅行热"小节。坂井洲二以西德某地方祭典为线索，介绍了西德的民俗学家们将"祭典中已完全不存在宗教性"的情况用"民俗热"和"旅行热"这两种概念来表述。此处的"民俗热"即"Folklorismus"。接着，坂井洲二又将这些概念与日本的民俗工艺品、民族服饰、民俗舞蹈这些典型的民艺热和旅行热进行对照，指出"在理解祭典、传统演艺这些现象时，仅凭宗教性、起源论已经无法有力地对其进行解释了"这一现实。[1] 继而河野真于1989年至1900年翻译汉斯·莫泽的《民俗主义作为民俗学研究的问题》，进一步推动了民俗主义在日本的学术探讨。河野真于1992年发表《从民俗主义看今日的民俗文化——来自德国民俗学的视野》，一方面整理了德国有关民俗主义的发展与讨论，另一方面对日本的民俗主义现象进行了探讨。他以日本地方政府主办的诸民俗活动为例，揭示了在日本也有诸多被称为民俗的传统文化事象（尤其是仪式活动、传统艺能），如今都不再具有它本来的含义。如政府指定的民俗文化遗产、建立民俗博物馆的热潮、加入了民俗元素的商品，以及以观光及地方创生为目的被开发运用的民俗文化，这些现象在当代都十分常见。[2] 2003年，河野真在《民俗主义的生成风景——从概念源地的探访说起》中将"民俗主义"概括为"已经形成的文化在它本来的语境之外被赋予新的功能，并以全新的目

---

[1] 参见[日]坂井洲二『ドイツ民俗紀行(新装版)』，日本法政大学出版局2011年版，第100—104页。
[2] 参见[日]河野眞「フォークロリズムから見た今日の民俗文化—ドイツ民俗学の視角から—」，『フォークロリズから見た今日の民俗文化』，日本創土社2012年版，第22—44页。

的被运用"[1]。2003年11月，日本民俗学会刊物《日本民俗学》发行了关于民俗主义的特集，收录了3篇德美民俗学研究的评述及11篇日本民俗中的民俗主义案例研究论文。如岩本通弥的《民俗主义和文化民族主义——现代的文化政策及对连续性的希求》、香川雅信的《乡土玩具的视野——爱好者们的"乡土"》、川森博司的《传统文化产业与民俗主义——岩手县远野市的情况》、滨田琢司的《民艺与民俗——作为审美对象的民俗文化》等。至此不难看出，日本对民俗主义的探讨主要围绕文化政策、文化产业、民俗观光、文化遗产以及地方振兴等话题展开。这与日本一系列的相关文化政策有关。日本自19世纪末便开始重视文化遗产的保护并出台相关的文化保护政策。先后有1871年的《古器旧物保存方》、1897年的《古社寺保存法》、1919年的《史迹名胜天然纪念物保存法》及1950年的《文化财保护法》。日本的民俗主义研究，可以说是对日本民俗文化政策的回应。[2]

民俗主义概念通过2003年周星翻译的河野真的《Folklorism和民俗的去向》，以及2004年西村真志叶与岳永逸共著的《民俗学主义的兴起、普及以及影响》，被正式介绍到中国，并引发了众多中国民俗学者的关注与讨论。2018年，周星与王霄冰以民俗主义为线索，共同编写出版了《现代民俗学的视野与方向：民俗主义·本真性·公共民俗学·日常生活》，将十多年间累积的有关中国民俗主义的代表性学术成果收录其中，并将民俗主义总结为："无数脱离

---

[1] ［日］河野眞：「フォークロリズムの生成風景——概念の原産地への探報から—」，『日本民俗学』2003通号236。
[2] 参见［日］菅丰《日本现代民俗学的"第三条路"——文化保护政策、民俗主义及公共民俗学》，陈志勤译，《民俗研究》2011年第2期。

了原先的母体、时空文脉和意义、功能的民俗或其碎片,得以在全新的社会状况之下和新的文化脉络之中被消费、展示、演出、利用,被重组、再编、混搭和自由组合,并因此具备了全新的意义、功能、目的以及价值,由此产生的民俗文化现象。"[1]该著作的出版再一次提醒了中国民俗学有必要向更为国际化的视野升级换代。中国民俗学界对民俗主义的展开,是在汲取与融汇了海外民俗主义研究成果的基础上,尝试运用民俗主义的概念和视角审视与解读中国当下形态各异的民俗现象。关于改革开放以来的当代中国较为突出和典型的民俗主义现象,周星在《民俗主义在当代中国》中做了一个初步扫描和梳理,其中包括但不仅限于:1. 国家权力和政治意识形态影响下的民俗主义,如庙会("文化搭台,经济唱戏");政府办节;国民节假日体系的建构与完善;公祭典礼;文艺会演机制;中国原生民歌大赛;中国民间文化艺术之乡;少数民族传统体育运动会;工艺美术大师与中国传统工艺大师;非物质文化遗产行政;APEC会议与民族服装建构;等等。2. 商业化背景下的民俗主义。3. 依托大众媒体的民俗主义。4. 文学和艺术创作中的民俗主义。5. 学校教育与博物馆的民俗主义。6. 学术(民俗学、民间文学)研究导致的民俗主义。[2]其中,周星还特别指出汉服运动是依托大众媒体的"网络民俗主义",有关"汉服"的知识,汇聚并再编于相关的网站或

---

[1] 周星、王霄冰主编:《现代民俗学的视野与方向:民俗主义·本真性·公共民俗学·日常生活(全2册)》,商务印书馆2018年版,第2页。
[2] 参见周星《民俗主义在当代中国》,载周星、王霄冰主编《现代民俗学的视野与方向:民俗主义·本真性·公共民俗学·日常生活(全2册)》,商务印书馆2018年版,第514—536页。

网络论坛，并形成传播和传承的基本形态，汉服同袍们在网络上相互交流信息，相互鼓励，获得各种有关汉服和汉服运动的文化资源。[1]

基于以上的梳理不难发现，"民俗主义"是由"建构主义"派生出来的，用来概括或理解一类民俗事象的研究视点。但两者也稍有区别。建构主义比较适用于"揭示某种文化事象是如何被建构的"这类研究。也就是说，建构主义是以研究"建构过程"为目的的理论。而民俗主义则更倾向于是对被建构成的文化事象以及其意义进行概括或解读的一种视角。也就是说，民俗主义是以理解"建构结果"为目的的。尤其是，在明知某一种文化是"伪或不纯粹"的情况下，也要将其看作一个中性事象，并揭示其存在的意义和价值。

周星多次指出，民俗学总是沉溺于乡愁、持续地礼赞传统、固守本质主义的信念，自言自语地反复陈述地方、族群或民族国家的文化荣耀。加之一直以来，包括民俗学在内的知识界长期秉持的一个观念，亦即民俗传统有一个原生态，它是固化、静止的，不应有任何改变。这就导致人们往往会执着于民俗文化或传统文化的"本真性"，对所谓"伪民俗"大肆批判。周星还指出，传统民俗学偏向于朝"后"看，执着于文化"残留物"的研究，比较热衷于追索某种民俗事象的起源和其原初的功能与意义，往往对于过往的事物赋予较高的价值。[2] 事实上，围绕对民俗文化或传统文化本真性、

---

[1] 参见周星《民俗主义在当代中国》，载周星、王霄冰主编《现代民俗学的视野与方向：民俗主义·本真性·公共民俗学·日常生活（全2册）》，商务印书馆2018年版，第529页。

[2] 参见周星《现代民俗学应该把乡愁与本真性对象化》，《华东师范大学学报（哲学社会科学版）》2021年第1期。

历史性、民族性的纠葛，不仅仅只存在于学术界，笔者在田野调查中亦深刻感受到，那些对中国传统文化、民俗文化抱有浓厚兴趣的文化爱好者亦同样有过之而无不及，汉服运动群体便是最典型的成员之一。汉服运动对于有关"汉服"具有文化本真性的肯定，主要体现在对"汉服"的情感认同。诚然，考虑到汉服置于当下的适应性，汉服运动群体中不乏主张"文化建构"的成员，但对于"汉服是汉民族的传统服饰，虽因清初的历史事件人为断代，但它所承载的汉族审美与精神却一脉相承"的本质主义观点，他们同样高度认同。与此相对的是外界对于"汉服"本真性的否定，大多是基于大众对日常生活事物认知上的经验。在普通民众的生活经验里，被称为"传统"的事物大都是"活"在身边的"理所当然"的民俗事物。显然，"汉服"这种所谓"被禁断300余年"，于21世纪初突然"重现"于街头的陌生服饰并不存在于他们服装生活的经验中，是超出"常识"的。甚至，他们对这种"交领右衽""宽袍大袖"特征服饰的认知，大多来自古装戏、戏曲，乃至日韩服饰——总之无论如何都无法与自身经验中的"传统"联系到一起，因此认为"汉服"是"假传统"。这也是同袍穿着汉服出街时常常会遭遇被路人称"唱戏的""演戏的""日本人""韩国人"等情况的原因。我们也必须承认，"汉服"的素材并非来自原生态田野，亦永远不可能有人进入跨越时空的原生态田野中去找寻。按照理查德·道尔森的定义，的确可以称之为"伪民俗"。但同时，理查德·道尔森也认为伪民俗应该与民俗的遗存和复兴区分。其中，复兴是指传统有过中断之后，有意识地唤醒并恢复曾经兴起过的一种民俗。如此一来，汉服亦不能完全被视为凭空捏造的。当然，正如周星所认为的，在老百姓的生活实践意义上，本真性对于他们在日常生活中为俗凡人生建构出目标、价值、意义或满足于幸福感是重要的。但就学科研究而言，现代民俗学是朝向"当下",关注普通民众当下的日常生活,关注当下的民俗事象的,即便它依然较多地讨论"传统",那也是在当下社会语境或文脉中的"传统"。[1] 其中,"民俗主义视角有助于打破上述陈腐观念的束缚,对于民俗主义现象在当代中国的各种表现,民俗学者不应简单地做出诸如好坏、正误、真伪、高低、优劣之类的价值评判,而首先应该将它们视为当代中国社会文化的基本事实"[2]。虽然汉服运动引起了社会上巨大的关注与讨论,看起来十分显眼,但汉服运动的实践背景以及诸文化现象,从民俗文化的实践角度来讲十分具有普遍性,并不是特殊的个案现象,它完全适合用"民俗主义"来概括。因此,前人学者对民俗主义探讨的学术成果,可以帮助我们更为全面理性地理解汉服运动与当代中国都市社会的关系。

上述对民俗主义概念的梳理可以看出,民俗主义的现象多产生于充满了有关旅游、表演、商业等民俗产业以及大众传媒的现代化、工业化、信息化社会。或者说,当一个社会进入这样一个经济高速发展的阶段时,必然会出现民俗主义现象。正如上文中笔者所述,本书关注的并不是汉服运动文化实践的真伪好坏,而是希望剖析这一现象与当下中国都市社会及生活者的关系。周星指出:"中国社会的基本现实是经济高速增长带来了国民生活的大幅度改善,生活革命在几乎所有面向已经或正在改变着民众日常生活的基本形貌,民俗文化在已经确立的消费社会中正在全面地'民俗主义现象化'。"[3] 因此,在通过民俗主义概念理解汉服运动的文化实践时,

---

[1] 参见周星《现代民俗学应该把乡愁与本真性对象化》,《华东师范大学学报(哲学社会科学版)》2021年第1期。
[2] 周星:《民俗主义、学科反思与民俗学的实践性》,《民俗研究》2016年第3期。
[3] 周星:《民俗主义、学科反思与民俗学的实践性》,《民俗研究》2016年第3期。

还须借助"生活革命"的视角将其与当代都市社会的民俗样态加以贯通。

生活革命最早发生在以英国为中心的欧洲。17—18世纪大航海探险,非欧洲国家的茶叶、砂糖、咖啡、纺织物等商品被大量输入欧洲,由此引发的商业革命,使英国人的衣食住等生活发生了全面性的变化。与此同时,为了刺激消费,原本新奇高价的商品被大量生产降价,由此产生了新的消费习惯,促使了饮茶、咖啡、时尚、公园休闲、旅行等多彩的国际化都市生活方式的产生。[1]这种生活方式在工业化及全球化的当下中国社会亦十分常态化。在日本,生活革命指战后20世纪60年代高度经济增长下"消费革命"所带来的以衣食住为开端的生活全面的革命,以"三种神器"——电视机、冰箱、洗衣机为代表的生活用具全面普及为典型。[2]直至1980—1990年"一亿国民总中产"的均富化社会实现后,日本的生活革命成为完成时的状态。[3]中国的生活革命指改革开放以来数十年间中国人民生活的巨变。这期间,经济高速成长为中国的社会与文化带来了结构性巨变,大多数普通国民以衣、食、住、行等为核心的日常生活方式持续地处于变迁和重构状态,在这个过程中,新的"都市型生活方式",即在水、电、气、网络、抽水马桶和淋浴等设施齐全的单元套房里的起居生活为主干,以及由此扩及衣、食、住、用、行等其他多层

---

[1] 参见[日]角山荣等『生活の世界歴史10 産業革命と民衆』,日本河出書房新社1992年版,第66—158页。
[2] 参见[日]新谷尚纪『民俗学がわかる事典:読む・知る・愉しむ』,日本実業出版社1999年版,第225页。
[3] 参见周星《"生活革命"与中国民俗学的方向》,《民俗研究》2017年第1期。

面的生活方式已经初步确立,并正在迅速普及。[1] 具体到中国服装方面的生活革命,主要体现在中国社会的服饰文化大致经历了由改革开放前的"制服社会"转向1990年后的"时装社会",进而21世纪10年代后进一步品牌化、国际化和个性化,以及本土服装(如各地的民俗服装、新建构的民族服装)的再次勃兴的几个显著变化及特征。[2] 其中,汉服运动的兴起及汉服文化的日益流行,便可谓中国服装生活巨变下的一个典型案例。笔者认为,一个时代的服饰之所以会有某种特定的风格,是由其所处时代的政治背景、社会风气、文化交流、生产水平等多方因素共同促成的,谓之"时代特征"。即便我们将汉服运动所建构的汉服视作一种对古代文化的"再继承",它也必然会有别于原先汉族服饰的风貌和意义。因此,结合生活革命的视角,有助于人们理解在汉服文化实践过程中产生的各种民俗主义现象都可谓必然的,具有生活革命时代的时代特征。

综上所述,本书将以民俗主义为主、生活革命为辅的双重视角进行考察分析。民俗主义的视角,考察的是汉服运动对古代汉族服饰民俗生活的再发现、再生产及再利用。其中既包括了同袍对民族文化的浪漫主义情感,并试图将这一中断的古代民俗有意识地唤醒,即理查德·道尔森所谓的"复兴",也包括了国家文化政策、经济政策影响下的商业现象。生活革命的视角,则是将汉服运动从"民族"语境中抽离出来,放入社会大环境中与其他当代的中国都市现象并置考察,关注它在当代都市生活中的实际意义,以及汉服文化如何与其他都市文化交织成一个时下热门的都市青年文化。本书对

---

[1] 参见周星《"生活革命"与中国民俗学的方向》,《民俗研究》2017年第1期。
[2] 参见周星《"生活革命"与中国民俗学的方向》,《民俗研究》2017年第1期。

汉服运动的考察，先从现象描述入手，运用"考现学"的研究意识对汉服运动的活动状态进行素描刻画，再通过结合生活革命大环境的要素进行具体的民俗主义辨析。在章节的关联性上，第一章是对研究对象基本概要的梳理。第二、三、四章分别从"人""事"/"内部活动""外部互动"这样的不同维度对汉服运动进行考察与分析，彼此之间是并列关系。其中，第二章为"人"与"内部活动"，第三章为"事"与"内部活动"，第四章为"事"与"外部互动"。第五章为本研究的总结部分。章节概要如下：

第一章作为汉服运动的概要，笔者将对汉服运动的兴起与发展、汉服运动实践者的界定、汉服的界定做一个梳理。第一节是对汉服运动各个阶段的发展状态进行梳理。笔者将其分为"孕育期""兴起期""瓶颈期""恢复期"及"繁荣期"五个阶段，并对这些阶段中的活动特征及重要标志性事件、关键人物进行阐述。第二节中，笔者将对汉服运动实践者进行区分。当下实践汉服的人，已不像汉服运动初期时那样单一，甚至用汉服圈的话来说即"穿汉服的不一定是同袍"。笔者将根据实践者对汉服运动的认同感、信念感、参与度、实践心态，对汉服运动的实践者进行概括区分，以便更好地理解当下汉服运动中多样复杂的现象。第三节，是有关"汉服"的界定。首先由于同袍们对汉服复兴的主张各持己见，汉服运动内部分化出许多不同理念的小流派，他们各自对"汉服"的界定标准也不太一样。其次，汉服运动外部群体亦对"汉服"有着有别于汉服运动基本主张的理解。因此，这部分群体所实践的部分所谓的"汉服"，并不是汉服运动内部群体所认同的事物。最后就是"汉服"是一个被新建构的概念，其相关知识都正在整合当中，许多汉服运动早期实践的"汉服"，放置在当下的汉服运动中也已不再被谓之"汉服"。

总之，无论是汉服运动内部外部的横向比较，还是汉服运动早期与当下的纵向比较，都可以看出"汉服"的界定是十分不稳定的。渡边欣雄曾指出，在进行田野考察时需动态地理解民俗知识。[1] 笔者将在本章中对汉服运动内外部及各流派有关汉服及非汉服的界定主张进行区分说明，这有助于对后文中所出现的不同语境中的"汉服"的理解。

第二章中，笔者结合汉服运动与互联网的关系，引入"人设"概念，从"人物"的角度解读汉服运动的实践。汉服运动是同袍实践的直接产物，同袍也就是汉服文化的传承母体。同袍的特征往往决定了汉服运动的实践样态，因此人们对汉服运动的评价亦常常会直接涉及汉服运动实践群体的评价。随着互联网的普及，网络社交成为当代年轻人十分重要的社交方式之一。在网络上建构"人设"亦是当代年轻人自我建构、自我表达的方式之一。在本章中，笔者通过对"大明贵妇""汉服收藏者""都市佳人""传服人""汉服仙女""英雄儿女""汉服同袍""汉服袍子"等极具多样性的汉服群像及其实践活动的描绘，揭示当代汉服文化娱乐化、通俗化的状态。进而，将汉服运动的这一状态特征放置进生活革命中产阶级的体验性消费、炫耀性消费、品位性消费，以及 Z 世代群体间由互联网引发流行的小众服饰爱好、二次元文化、青年亚文化思潮等文化现象中，进一步剖析其实践过程中因传承母体更新导致语境变化所产生的消费、展示、文化混搭等民俗主义现象。

---

[1] 参见 [日] 渡边欣雄《民俗知识的动态性研究：冲绳之象征性世界的再考》，周星等译，载周星主编《民俗学的历史、理论与方法（全二册）》，商务印书馆 2008 年版，第 415—455 页。

第三章中，笔者以汉洋折衷流派为例，展示了当代汉服运动将古代汉族服饰的遗留物及碎片符号重新加工制作，并应用在当代民俗生活中的探索实践。汉服运动自兴起之初就一直在试图将汉服融入当代生活。但由于其素材来自古代，当下人群对其缺失集体记忆，加之当时的同袍虽有一腔浪漫主义民族情怀，但欠缺对传统服饰置于现代民俗生活一般规律的把握以及符合都市时尚审美的创造力，汉服在当代社会的民俗应用长期处于摸索状态。在这过程中，日本的和服传承一直被作为学习借鉴的参考对象。最先有所突破的是对汉服在审美上的建构。在此基础上又进一步吸取了和服文化中的场景意识、装饰语言，以及面妆发型等服饰文化细节。汉洋折衷流派正是这种对日本和服学习的典型成果之一。汉洋折衷重点借鉴了和服传承中以近代"大正浪漫"风格为代表的"和洋折衷"理念，由部分汉服运动中的明制党、传服人，以及部分参与汉服运动的网络明朝爱好者群体共同推动。汉洋折衷主张以明制汉服为实践蓝本，在核心的民俗主体材料上注重对汉文化"本真"的挖掘，在装饰性辅助材料上积极吸取外来的、现代的元素，并结合"衣食住行"的民俗体系，试图勾勒出具有"人间烟火气"的"过日子"的都市生活民俗图景。同时，为了使这一汉服民俗风格合理化，汉洋折衷对明末至民国的世界进行了"假如明朝没有灭亡，汉服延续至近代"的历史想象，为此搭建"时代依据"。对古代中国辉煌历史时期的追忆及浪漫化的想象，是当代不少中国青年共有的情感需求。将不同风格的素材有序组合，将传统文化包装成时尚符号，亦是许多当代中国青年间可产生共鸣的审美，也是同袍必须掌握当代的科学技术与设计能力才能得以实现的。以汉洋折衷为流行的当代汉服运动，对汉服文化在都市民俗应用中所产生的重编历史、虚构过去，文化混搭，文化元素置换，文化包装等民俗主义现象，正是当代都市青年浪漫主义畅想与艺术性生活实践下的产物。

第四章中，主要考察的是置于商业语境下的汉服运动。汉服运动起初几乎是与商业绝缘的。一方面，彼时的汉服运动是一项纯粹的文化运动，这种极强的民族信念感使汉服运动的实践不屑于与金钱挂钩；另一方面，汉服运动初期同袍人数较少，大多是自制汉服，因此汉服作为商品也确实没有市场。但随着中国互联网电商的发展，以及同袍人数的与日俱增，对汉服的需求量加大，汉服商业化成为必然趋势。汉服的商业化首先影响到的就是汉服文化的建构。当下比较典型的一是以汉服的形制、精致化与流行的样式为核心的汉服"美"的建构，二是因品牌化促成的文化实践方式，如粉丝经济、"山正"之争、汉服"造星"等。再者影响到的是将汉服由小众亚文化转变为热门文化资源。其中以地方创生为目的的旅游资源与以发展国风、国货为目的的国潮经济最为典型。商业，尤其是旅游经济、民俗文化经济，原本即是民俗主义现象中被讨论最多的部分，商业语境下的汉服实践，无疑是汉服运动最为典型的民俗主义部分。

最后，在结语部分，笔者将会对上述四章做进一步综合梳理，将这些实践现象融合，综合性地总结汉服运动中的民俗主义现象及其与生活革命中的都市文化生活之间的关系。

第一章 汉服运动概要

第一节
汉服运动的兴起及发展

21世纪初,中国都市掀起了一场以年轻人为主力的"汉服复兴运动",简称"汉服运动"。参与汉服运动的汉服同袍们认为,汉族有一套始于"黄帝"时期传承至明代的传统民族服饰,在清代因"剃发易服"政策而被禁断300余年,并将这套服饰体系称为"汉服"。2003年11月22日,一名叫王乐天的电力工人穿着汉服走上了河南郑州街头,并在"汉网"论坛上进行文字直播,后又被新加坡《联合早报》报道,扩大为公众事件,成为汉服运动正式兴起的标志性事件。

回顾汉服运动的历程不难发现,在这20余年里汉服运动经历了数个阶段,每个阶段都有比较明显的成长特征及节点。基于现有的汉服运动资料,笔者认为可以分为以下几个阶段。

一、孕育期:2001年年末—2003年年末

一般认为,汉服运动始于2003年,然而早在2001年10月,上海APEC会议闭幕式各国领导人穿着"唐装"(图1-1)后,互联网上就已经出现关于中国民族服饰的讨论了。这些讨论主要有两个方面:1.不少网友指出APEC的唐装是根据清代马褂设计而成的,和唐代服装没有关系,对此命名产生质疑;2.清代服饰是基于满族服饰体系发展而来的,对其是否能代表中国人的传统服饰产生质疑。

图 1-1 唐装

继而又引发出关于汉族服饰的相关思考：汉族服饰能代表中国吗？汉族服饰是什么？汉族有自己的民族服饰吗？如果有，为什么汉族人不知道？等等。2002 年 2 月 14 日，网友"华夏血脉"在舰船军事论坛上发表了文章《失落的文明——汉族民族服饰》，这是第一次提出"汉民族服饰"的主题性文章，以图文并茂的形式介绍了汉族服饰的主要特点、消失原因，以及对日本服饰的影响。[1] APEC 的唐装也通常被认为是汉服运动的触发点，由此引发的思考经过两年的孕育最终触发了汉服运动的正式兴起。

二、兴起期：2003 年年末—2008 年

汉服运动被认为正式兴起于 2003 年，该年也被同袍公认为"汉服运动元年"，其标志性事件"王乐天汉服出行"被同袍认为是汉民族服饰在清朝"剃发易服"后第一次重现中国大地。此后，为纪

---

[1] 参见杨娜等编著《汉服归来》，中国人民大学出版社 2016 年版，第 28 页。

念这一重要事件,同袍将 11 月 22 日定为"汉服日",每年该日前后,全国各地大大小小的汉服社团皆会组织穿汉服出行活动,故这天又被称为"汉服出行日"。兴起期的汉服运动主要有两个显著特征:其一,王乐天汉服出行标志着汉服运动第一次从"线上"的虚拟空间走入"线下"的现实空间,由此基本固定了"线上策划召集→线下活动→线上反馈成果"的实践模式。大大小小的汉服社团开始成立,在全中国及海外华人地区形成了基本规模,于各地展开汉服运动的线下实践活动。其二,以"汉网""汉服吧"等汉服论坛中的汉服运动初代先驱为核心指导,将汉服运动由孕育期的"思潮"转向为具体的理论和实践活动。其中,网名为"溪山琴况"的先驱为代表性人物。首先,他担任了百度汉服贴吧的首任吧主,在他的领导下,百度汉服贴吧成为汉服运动最早的网络大本营。其次,他提出的"华夏复兴,衣冠先行"口号,是汉服运动长期以来较为公认的理念。另外,他主持并参与了天汉民族文化网民族礼仪复兴、节日复兴、汉服产业化三大计划,且受到了全国范围的广泛响应和积极践行,长期指导了汉服运动的实践方向。[1]

三、瓶颈期:2008—2013 年

2008 年起,汉服运动有逐渐步入瓶颈期的倾向。主要表现为两点:其一,"溪山琴况"于 2007 年 10 月 28 日突然离世,汉服运动在某种意义上陷入了"群龙无首"的状态。如上所述,"溪山琴况"对汉服运动有很大的贡献与影响力,直至今日,每逢"溪山琴况"

---

[1] 参见杨娜等编著《汉服归来》,中国人民大学出版社 2016 年版,第 357 页。

的忌日都会有同袍对其进行网络祭拜，或发表祭文进行缅怀，或感慨如其尚在人世，今日的汉服运动会是什么样的。他撰写的有关汉服运动的文章也被网友编辑为《溪山琴况文集》在网上流传。"溪山琴况"的离世可以说是汉服运动进入瓶颈期的一个标志性节点。其二，2009年后，借助传统节日让汉服出场一类的活动方式与内容皆趋于重复，过于程式化的倦怠感，使不少汉服运动的骨干精英切实感受到瓶颈期的困扰。同时，媒体也逐渐熟悉了汉服活动的口号、理念和行为模式，开始出现"视觉疲劳"，对反复再现的汉服迅速失去新鲜感。[1]

四、恢复期：2013—2017年

笔者认为，汉服运动恢复期的一个重要性标志是中国台湾著名词人方文山与大陆女演员徐娇对汉服运动的参与推动。他们首次将汉服运动通过大众媒体以通俗化的形式展示在大众面前。这里值得一提的是方文山，他是中国台湾流行音乐一线歌手周杰伦的黄金搭档词人，两人共同创作的《东风破》《发如雪》等中国风歌曲，在大中华地区掀起了"中国风"歌曲的流行。方文山对汉服运动复苏的推动大致有以下四项典型事件：其一，2013年，方文山与徐娇穿着汉服参加第16届上海国际电影节闭幕式，成为首次穿汉服参加大型公众活动的明星。其二，2013年10月，由方文山导演、徐娇出演，为汉服而打造的电影《听见下雨的声音》上映，这是汉服首次以大

---

[1] 参见周星《本质主义的汉服言说和建构主义的文化实践——汉服运动的诉求、收获及瓶颈》，《民俗研究》2014年第3期。

众电影的形式亮相于公众。其三，2013年11月，方文山发起首届大型汉服活动"西塘汉服文化周"。此后该活动每年举办一次，不仅成为汉服运动一年一度的重要盛会，同时也成为景区与汉服活动合作模式的典范。其四，方文山担任周杰伦发行于2014年12月的歌曲《天涯过客》的MV导演，将汉服融入其中。具有较高社会影响力的公众人物的参与助阵，打破了汉服运动实践模式的瓶颈，也是后来汉服运动走向通俗化的开端。

五、繁荣期：2017年至今

2017年至今的汉服运动大致延续了恢复期的发展路线，但较恢复期出现明显繁荣的景象。这主要体现在两方面。一方面是各项数据出现爆发性增长。从汉服市场消费者人数来看，"艾媒咨询"发布的《2014—2018年中国汉服市场消费人群数据调查》显示，2014年为32万人，2015年为46.6万人，2016年为69.3万人，2017年起突破百万，达到118.1万人，2018年继续增长至204.2万人，根据"汉服资讯"平台所提供的数据，2019年达361.5万人。从销售规模来看，"艾媒咨询"发布的《2015—2019年中国汉服市场销售规模》显示，2015年为1.9亿元，2016年为3.5亿元，2017年增长至5.1亿元，2018年翻倍至10.8亿元，2019年则达45.2亿元。从汉服销量来看，据"汉服资讯"平台发布的历年《汉服成品年度销量排行榜》前20名销售总量合计显示，2015年为17210件套，2016年为40988件套，2017年增至73381件套，而2018年暴增至236890件套，2019年则高达642236件套。另一方面，是汉服运动开始有其他领域的人群与资本不断涌入，与原本的汉服同袍共同推动汉服文化的复兴与传播。

以往的汉服神圣感与汉服运动宏大叙事的实践特征被逐步瓦解，汉服文化呈现明显的通俗化、娱乐化倾向。

这场兴起于中国都市年轻群体的汉服运动，成为新闻媒体关注的焦点，并引起国内外各界人士的关注与讨论，其中有批评、质疑、中立、观望，也有表扬、赞成等不同的声音。在褒贬声中，汉服运动已经历 20 余年，并且仍在不断持续壮大，无疑是 21 世纪初中国社会较为令人瞩目的文化现象之一。

第二节
汉服运动的实践群体

一、汉服运动群体的多样性

在汉服运动兴起之初，汉服运动的实践群体是比较单一与纯粹的。他们因热爱民族文化而付诸复兴汉服的行动，并且有着强烈的信念感与认同感。但随着汉服运动的推进，当下实践汉服的人群显然已经多样化，如汉服圈甚为流行的一种说法："穿汉服的不一定是同袍。"这其中有"赶时髦"的，有纯属出于商业利益的，甚至不乏与汉服运动核心理念相悖的人群参与其中。在此，笔者将根据实践者对汉服运动核心理念的认同感进行"内部群体"与"外部群体"的区分。此外，还将根据具体的参与度与信念感将内部群体进一步细化，以及根据实践目的的不同将外部群体进一步分类。后文也将基于以下分类称呼，在不同语境中进行区别使用。

二、内部群体

（一）同袍

"同袍"是汉服运动实践者彼此间统一的称呼，它出自《诗经·无衣》岂曰无衣，与子同袍，意思是说我们大家应该共享我们共同的战袍，但在这里，是把战袍的原意通过概念转换而赋予其民族服装的寓意"[1]。虽然早期汉服运动在外界看来是一群试图对抗主流文化的小群体，然而对于同袍来说，他们的主要动机并不是想彰显不同，成为社会的"非主流"，或小众群体自娱自乐的爱好圈。相反，他们主张汉服原本就是自己的民族服装，穿它天经地义[2]，一切努力与对抗都源于能让汉服成为社会的主流、正统文化等诉求。可以说，汉服运动正是一场要将"汉服"由"非主流"变成"主流"的实践。而"同袍"这一称呼凝结了汉服运动实践者们对汉服复兴坚定的信念以及共同面对非议，共同克服阻碍的奋战决心。

（二）袍子

"袍子"可以理解为是"同袍"的昵称。笔者从一些同袍那了解到，同袍起初自称或互称"袍子"，是不想让汉服运动看起来那么严肃。在中国年轻群体中，将称呼中的某个字取出后加上一个"子"字，或是说话时在某个词语后加一个"子"字，在某些情况下是一种表达亲近或"卖萌"的用法。另外，"袍子"又与"狍子"同音，狍子是一种长相呆萌、反应迟钝的动物，在其较为常见的中国东北被称为"傻狍子"，这样的一语双关更可凸显出当下汉服同袍可爱、柔和、没有攻击性的色彩。"袍子"这一称呼使同袍之间的交流气氛变得更为轻松，更能够拉近彼此关系。"同袍"中"内涵着共同

---

[1] 周星：《百年衣装——中式服装的谱系与汉服运动》，商务印书馆2019年版，第276页。
[2] 参见周星《百年衣装——中式服装的谱系与汉服运动》，商务印书馆2019年版，第275页。

为汉服复兴而努力的寓意"[1]，而"袍子"则将汉服运动的神圣感与使命感色彩大幅度弱化，凸显汉服是服装生活的一部分。

（三）野生袍子

"野生袍子"又称"野袍子"，是取"野外生长"之意，是一些不加入任何汉服社团组织的"外挂"[2]人员，以及一些喜欢汉服，但不以汉服为主要或单一兴趣人员的自称。"野生"是当下青年亚文化圈及网络流行语，也可以叫"散人"，即没有固定组织的、自由独立的爱好者、职业从事者或游戏玩家等。与同袍或袍子这样以汉服为重要或主要兴趣，或是有组织身份的实践者相比，野生袍子们的汉服实践更偏重于"自娱自乐"。甚至不少野生袍子对汉服复兴路线、策略也没有太多的个人主张或见解。当然，"袍子"终究是"同袍"的衍生概念，即便是"野生"的，给人印象不及"同袍"那般斗志昂扬，但对汉服运动依旧是有身份认同的，并且在遇到外部质疑或抨击汉服时，也会挺身维护汉服运动及汉服文化。或者说，无论是"同袍""袍子"还是"野生袍子"，在实际实践中其实并没有特别明确的划分界定，如何称呼完全取决于实践者本人当下的心境。

---

[1] 周星：《百年衣装——中式服装的谱系与汉服运动》，商务印书馆2019年版，第275页。

[2] 周星：《百年衣装——中式服装的谱系与汉服运动》，商务印书馆2019年版，第273页。

三、外部群体

（一）汉服爱好者

对于"汉服爱好者"这一称呼，汉服运动内部与外部有着不太相同的情感色彩。实际上，汉服运动，特别是早期的汉服运动，十分抵触"汉服圈""汉服爱好者""汉服迷"等具有小众非主流群体意味的称呼，"认为这一类词汇不足以表达自己的立场，甚至有些贬低"[1]。虽然笔者在田野调查中发现，当下的许多同袍对"汉服圈""汉服爱好者"这样的称呼并不是很排斥了，相反，很多人也以此自称，并且承认与接受当下汉服的确是一个小众亚文化这一现状；但在情感上，同袍依旧是不太认同的。因为他们始终认为，汉服是民族共有的文化财富，而不是个人或小众群体的爱好。笔者在考察中发现，接受"汉服爱好者"称呼的同袍中大部分只是不想与群众产生冲突，希望撕掉"民族主义"的标签，为汉服群体塑造一个友好形象，因而退一步随大众称呼。或是认为客观上来讲汉服运动在当下的状况确实是小众，只能无奈承认这个称呼有其合理性。再或是认为自己既是"同袍"，也有"汉服爱好者"的属性。当然，其中也有人认为"汉服爱好者"并不是一个恶意称呼，因此无所谓。而对于一般群众、媒体、学术界等外部大众而言，"汉服爱好者"是所有喜欢汉服、实践汉服的群体的总称，因此，在部分媒体报道或是学术论文中亦可见不少直接用"汉服爱好者"或"汉服迷"等称呼指代"同袍"的现象。

---

[1] 周星：《百年衣装——中式服装的谱系与汉服运动》，商务印书馆2019年版，第275页。

笔者在田野中发现，很多穿汉服或对汉服有兴趣的人们对汉服的实践多为体验型。他们虽然也穿汉服，但不参与作为社会文化运动的"汉服运动"，对汉服能否真正复兴亦没有什么诉求或见解，也不注重汉服是否"穿对了"。亦有部分只是口头赞赏汉服，或对喜欢汉服的亲朋好友给予支持，但自己不打算穿汉服，甚至有些还会将汉服直接视为"古代服装"的代名词，这与同袍对"汉服"的定义是相违背的。[1] 在实践行为上，他们中许多人与野生袍子有着较为高度重合的部分，但又不同于野生袍子，因为他们对汉服运动没有身份认同。因此，基于"群体认同感"，中和上述两方的观点，笔者在本研究中将"汉服爱好者"定义为汉服文化的体验型参与者或欣赏者，并将其放置在"外部群体"中。

（二）汉服商家

汉服商家是指经营汉服店销售汉服的群体。汉服商家看似汉服运动的内部群体，但实则并非全部如此。在汉服运动兴起之初，汉服商铺的确几乎都是由同袍们经营的。当时的同袍基本都是自己缝制或相互缝制汉服，后来随着汉服运动群体的壮大，对汉服需求的增多，开始有同袍将理想转化为事业，开始汉服店的经营。而当下，随着汉服文化的扩大，汉服产业价值的增高，许多其他类服饰的商家或其他类产业的经营者亦开始纷纷踏足汉服产业。另外，由于"经营汉服"与"复兴汉服"，在某种意义上来说是完全不同的两件事，甚至有时会有冲突的地方，部分经营汉服店的同袍在某些情况下也不得不以牺牲复兴汉服的伟大情怀来维持汉服店的经营。因此，当下的汉服商家可以说基本脱离了同袍群体，他们大多侧重营利，甚

---

[1] 详情见本章第三节第一部分。

至不少汉服商家并不"懂"汉服,也不了解汉服运动,只是在"卖衣服"[1]。

(三)传统文化实践群体

这里的"传统文化实践群体",主要是指"汉服圈"外的传统文化实践群体,其中包括茶圈、民俗宗教、国学、舞台表演、民俗旅游等十分广泛的领域中的群体。以往,汉服运动会主动借助这些领域进行汉服实践活动,如同袍穿汉服表演茶艺、穿汉服读经等。一方面是为宣传汉服创造一个应景的环境,另一方面是能够将"汉服"与"传统"进行绑定,以此表达将汉服置于传统文化范畴的正当性。如今,这些文化项目中的群体为了使自身看起来更有"传统味儿",在实践中也会主动选择穿着汉服。他们与汉服内部群体有以下几个区别。首先,他们穿着汉服并不是以宣传汉服为目的的,因此,在他们实践自己的文化时,也往往会出现汉服、马褂、旗袍等多种民族服饰混搭的现象。其次,他们当中许多人并没有太多"汉服意识",有些甚至直接将汉服视为古代服装。最后,他们当中穿着的"汉服",有不少在同袍看来都是"形制不正确"的服装,并不在同袍们所界定的"汉服"范围之内。[2]

---

[1] 详情见第四章。
[2] 详情见本章第三节第一部分。

第三节
"汉服"的界定

一、多样的"汉服"界定

如果询问同袍"什么是汉服"或是"什么样的服饰能称之为汉民族的服饰",除了类似于"汉族的传统(民族)服饰",或"黄帝时期至明末清初汉族人所穿着的服饰"这样的回答相对统一外,落实到具体形态上,则很难在众人之口中得到几乎一致的描述。但如果这个问题用于日本的和服或是韩国的韩服,它的答案几乎是无争议的,且简单到只需用一张结构图便可概括。事实上,对于汉服具体形态的界定,同袍们的意见并未达到高度共识,甚至有些是相互否定的。渡边欣雄曾指出,在进行田野考察时有必要把握民俗知识的动态性,即民俗知识具有层次性、正当性、抗衡性、传统性及非传统性的特征。[1] 民俗社区内部成员对该群体内的民俗知识的认知并不完全具有普遍性,除了一些广为人知、理所当然的"共识"外,还有些知识是可塑的、变化的、鲜为人知的,或是充满争议的。一方面,由于实践汉服的群体,具体到每个个体身上时,他们对"汉服复兴"这件事的价值期待不尽相同,这直接导致了他们之间对"汉族服饰"在具体形态上的定义有着较多分歧。另一方面,"汉服"是一个被新建构的概念,其相关知识可以说正在整合当中,因此有关汉服知

---

[1] 参见[日]渡边欣雄《民俗知识的动态性研究:冲绳之象征性世界的再考》,周星等译,载周星主编《民俗学的历史、理论与方法(全二册)》,商务印书馆2008年版,第415—455页。

识的动态性尤为明显，汉服运动早期所实践的"汉服"，其中有些放置在当下的汉服运动中也已不再被谓之"汉服"。不过，在这些分歧中，也有不同程度的求同存异，以及较为明确的对"非汉服"的界定共识。以下笔者重点梳理几类较为典型的汉服运动中对"汉服"与"非汉服"的界定论说。

二、汉服

（一）汉族起源说

"汉族起源说"指的是认为汉服起源于"黄帝尧舜垂衣裳而天下治"，并且指出虽然历朝历代的汉服样式风格有所不同，但有着例如平面剪裁、褒衣大袖、直领系带等一脉相承的基本特征。当然，也有反对者指出，唐代的"圆领袍""袒领服"等皆起源于胡人服饰。伴随着这一争议，汉族起源说进一步衍生出"汉化论"的观点，认为这些形制虽然最初来自外族，但经过汉文化消化后，在风格或结构上早已被汉化，成为汉族服饰体系中的一部分。如汉化后的圆领袍在结构上加了内衽，在风格上开始宽袍大袖，并且搭配交领内衣穿着等。

（二）形制正确论

形制正确论是指只有符合历史上存在过的汉族服饰样式的才是汉服。[1] 从实践效果上来看，"汉族起源说"确实大抵概括了汉服

---

[1] 详情见第四章第二节。

的内容，但无法具象地描述汉服是什么样的。判断一件衣服是否属于汉服，最终还得回归到衣服的具体形制上。早期同袍将古装影视剧、古典文艺表演、古代文物等作品中的服饰直接当作古代汉民族固有的服饰风貌，进而遵循一般意义上人们对传统文化或民族文化具有"悠久性"的理解，将这种看似古老的汉族服饰等同于汉族的传统民族服饰。加之同袍对传统文化大都具有强烈的"本真"意识，因此，汉服运动核心理论认为，正确的汉服形制一定是自古有之的形制，"形制正确"的汉服必须是历史上真实存在过的形制。

然而，在对汉服形制"求真"的过程中，越来越多的同袍意识到，那些影视剧、文艺表演等场景中的"古装"大多是经过艺术加工过的，历史上并不存在。如被誉为"当代汉服第一人"的王乐天，当时所穿着的"汉服"是根据电视剧《大汉天子》李勇的服装样式改造的，于现在的汉服运动主流观点看来是"形制不正确"的。形制正确论是当下汉服运动内部界定汉服最普遍的方法，亦可以说是对"汉族起源说"的一种具象化。其衡量形制标准的依据一般是文献古籍、古画、陶俑、出土或传世的服饰文物等多方面历史资料。如当下流行的唐制汉服的形制蓝本，就多是来源于《簪花仕女图》《捣练图》等画作中的样式。

（三）唯出土文物论

唯出土文物论是形制正确论中衍生出来的主张，是指只有剪裁结构完全符合出土或传世文物，即实物性服饰文物的形制才能谓之"正确"。唯出土文物论的支持者认为，文献古籍、古画、陶俑等非服饰本身的文物中刻画的服饰，其一，很难说是否具有艺术效果的成分，其真实性有待证实，因视为"存疑款"；其二，它们虽然展现了服饰的外部造型,但不能够提供服饰具体的剪裁结构、平铺版型、穿搭层次、尺寸比例等信息,因此不能提供真实且完整的复原依据。笔者考察中发现,唯出土文物论在当下的汉服运动中占据了较高的舆论上风。当下汉服商家所出售的汉服,除了如"齐胸裙"这类无实物考据但人气较高的"存疑款"外,其余基本都有传世或出土实物可考据。当下常见的形制蓝本文物有山东曲阜孔府旧藏的传世文物(明)、安徽南陵铁拐宋墓中出土的窄袖褙子(宋)、长干寺地宫出土的北宋丝织泥金花卉飞鸟罗表绢衬长袖对襟女衣(宋)、甘肃花海毕家滩26号墓出土的紫缬襦绿襦和碧绯裙(晋)等。[1]

(四)唯明论

唯明论是指认为唯有明代服饰的形制才能作为当代汉服的标准,其他朝代的服饰形制皆应视为古代"历史服装"。总体而言,唯明论的支持者有三个核心观点:其一,认为清代的"剃发易服"准确来说针对的是明代服饰体系,即使汉服没有断代,现代人穿着的汉服也应该会是明代继承下来的风貌。而其他朝代的服饰是随时间早已自然淘汰掉的,没有复兴的必要。其二,由于明代距离现代较近,明代服饰的传世文物被大量保留,形制体系与织造工艺都较为完整,因此较其他朝代的服饰体系便于考据与重构。其三,当代的中式传统环境,如建筑、庭院、家具等,大多以明清风格为主,因此以明代服饰为蓝本的汉服更具适应性。值得一提的是,唯明论在汉服运动早期就已经有之,却长期处在汉服运动的边缘。原因大致有三:第一,早期汉服运动所想象的汉服形象多以周制、汉制、唐制的服饰风格为主,明代服饰的认知度相对较低。第二,汉服运动对汉服

---

[1] 详情见第四章第二节。

形制蓝本的选择总体上是倾向"历史服饰大集成",而唯明论有着明显的排他性。第三,明代服饰中的一些款式的风格和元素,与蒙古族及清代服饰风格相似。随着汉服运动对服饰史知识的累积与唯出土文物论的上风,明制汉服才逐渐成为当下汉服运动的主流形制,但"唯明"这种说法在某些语境下还是带有一定的局限性。

三、非汉服

汉服运动中所谓的"非汉服",主要特指两种类型的服饰:一种是所谓"形制错误"的服饰,对应上述"形制正确"的概念;另一种是属于中国服饰,但不被汉服运动认为是汉族起源的服饰。具体主要有以下几种。

(一)"影楼装""古装"与"仙服"

"影楼装""古装"与"仙服"是对在视觉上容易与"形制正确"的汉服混淆的三种服饰的称呼。汉服运动认为它们都是仿照古代服饰改造的古风服饰,尤其在汉服运动兴起之前多用于影楼古装摄影、古装影视剧戏服或古风艺术表演等。对于一般人而言,这三类服饰在视觉上相互之间似乎没有什么不同,甚至可能都无法分辨出与汉服的区别。但在同袍眼里,还是多少存在着微妙的差异。笔者根据收集到的网络信息、与同袍的访谈(杂谈)对这三种称呼的区别得出以下理解:

"影楼装"多偏向指一些照相馆或景区古装摄影的风格。除了衣服本身"形制错误"以外,它们大致还有配色极为鲜艳耀眼、造型浮夸等特点。有时在妆容发型上会采用热门古装剧中人物的特点,

如电视剧中杨贵妃、香妃等角色的造型。（图1-2）

"古装"的范围则要稍微广一些，多指倾向于古装剧中"形制错误"的服饰。事实上，各古装剧对古代服饰在艺术改造上的程度差别是比较大的。如一些偏正史类的古装剧，对古代服饰的还原度就相对较高；而古偶剧、仙侠剧等本身剧情虚构性就比较强，甚至是架空朝代的影视作品，对服饰的改造就相对比较大，有些与所谓的影楼装无异。总体而言，在汉服圈中被称为"古装"的，是对古代服饰还原度较高的那些服饰，即虽然"形制错误"，但错得不那么离谱，甚至有些只是细节上有很难看出的小错误。

图1-2 "影楼装"风格
（图片来源于网络）

"仙服"是汉服运动近些年才出现的一个概念。虽说仙服在汉服圈中被共识为"非汉服"，但同袍们对它的具体指代却不是很统一，笔者在此归纳了三种观点。第一种观点认为，大体上是汉服形制，在细节上略有改动的就是"仙服"。如"魏晋风""两片式齐胸襦裙"等汉服圈基本的共识为"形制错误"的款式都可以叫"仙服"。第二种观点认为，"仙服"是一种风格。用雪纺等柔软轻盈布料制作的，看起来"仙气飘飘"的都可称为"仙服"。第三种观点并不是很主流，主要见于小部分"宋明党"或"明制党"。他们认为服饰蓝本太久远的汉服无论是否有文物依据，它们的表现风格都是基于对古装影视、古装摄影仙女风的模仿，因此都是"仙服"。穿仙服的女性有时会自称或被称为"仙女党"。很显然，对对仙服不认同的同袍而言，"仙女党"是一个带有明显贬低意味的称呼。他们认为"仙女党"是一群"指鹿（仙服）为马（汉服）的仙女"，即汉服运动中所谓的"马鹿仙"，进而导致汉服运动中所谓的"汉仙分家"。但对于喜欢仙服的女性，或是对汉服的形制、风格要求不那么严格的同袍、汉服爱好者而言，"仙女党"是一个中性称呼。有些也认为仙服也是汉服的一部分，"汉仙之争"是汉服运动内部的撕裂，无益于汉服运动的发展。

（二）"汉元素"

"汉元素"主要是指具有汉服元素的时装，最早是伴随对汉服的功能性改良形成的概念。在汉服运动兴起之初，就汉服宽袍大袖行动不便的问题，有部分同袍提议需将汉服进行改良使其更适用于当代社会。这种实用主义的改良很多只是保留了交领、系带、褶裙等汉服的元素，并主要起装饰作用，而其主要的剪裁结构大多采用立体剪裁，尺寸贴合人体，看来颇像休闲时装，有的甚至更像西式正装。显然这种改良服其实并不符合后来汉服运动对汉服"形制正确"的主流要求。且"汉服运动对汉服之美的实践性建构或再生产，并不是要确立具有人类普适性的服饰之美，而是要重现汉民族的服饰之美、华夏或中华服饰之美"[1]。因此这种改良服最终亦未被汉服运动认可为"汉服"。不过，作为一种新风格的时装，这种改良服还是十分受同袍欢迎的。不仅在日常生活中可以穿着上下班，十

---

[1] 周星：《百年衣装——中式服装的谱系与汉服运动》，商务印书馆2019年版，第252页。

分方便,还能够作为推广汉服的一种过渡,期待汉服能够通过这种服饰逐渐为社会公众所接受。与此同时,为了不使这种改良服与汉服发生混淆,同袍们将其称为"汉元素",并使其与汉服并存。(图1-3)

(三)"清汉女"

汉服运动中所谓的"清汉女"是对清代中晚期汉族女性服饰的简称。汉服运动认为,古代汉族

图1-3 "汉元素"
(同袍"羲文"授权使用)

服饰是因清代"剃发易服"政策而遭到断代,因此清代汉族人所穿着的服饰都不应视为汉服。但据清代天嘏的记载,剃发易服在民间遭到强烈抵抗后,清政府继而施行了"十从十不从"的缓和政策。[1]其中"男从女不从"即指汉族男性服饰确实遭到了禁断,但女性服饰并未被直接波及。另外,从传世画作上来看,具有明显明末特征的汉族女性服饰至少延续到了清代中期乾隆年间,之后才与满族女性服饰文化相互影响,形成具有满汉混合的鲜明清代特征的形制与风格,如厂字领、元宝立领、内衬消失、重工刺绣等。直至清代结束,汉族女性与满族女性的服饰都是两套完全独立的体系,这也是十分清晰的事实。与此同时,汉服运动初期同袍对服饰史知识的不足,导致当时将清代汉族女性服饰中恰恰起源于汉族服饰的立领、盘扣、

---

[1] 参见杨蓓《"十从十不从"中的清代服饰制度考究》,《兰台世界》2014年第35期。

滚镶边等元素视为满族服饰文化的特征。[1] 而今，汉服运动对中国古代服饰史的钻研有了十分巨大的突破，甚至某种程度上亦推动了中国服饰史的学术研究。但有关清代汉族女性服饰的历史真相也同样使汉服运动陷入了一些尴尬的境地——清代汉族女性的服饰是否可以定义为汉服？作为汉服运动的实践者，同袍们既不承认它为汉服[2]，也无法否认它确实属于汉族的事实。因此，同袍们将它称为"清代汉族女性服饰"，简称"清汉女"，来区分它与汉服之间的复杂关系。

（四）旗袍、马褂、唐装、中山装

旗袍、马褂、唐装、中山装都属于中国服饰，但不被同袍们认为是汉族起源的服饰。其中旗袍、马褂、唐装都被认为是满族服饰，或源于满族的服饰，而中山装则被认为是近代中外服饰文化相融合的产物。这些都被认为是与汉服完全不同体系的服饰。

---

[1] 这些特色虽源于汉族，但却是在清代被发扬光大，并且影响到了满族服饰，故对于服饰史不了解的人来说容易混淆。
[2] 汉服运动认为，清代的汉族女装是受"剃发易服"的制约，在汉族服饰体系崩坏的环境下独立发展出来的服饰种类。

第四节
汉服运动的理念流派

当下汉服运动实践中，能看到许多不同主张的"圈子"。当然，这些圈子并没有什么特别的组织性，它们更倾向于是基于同袍们不同的复兴主张形成的理念流派。这些流派有的有明确的发起人或核心倡导人物，有的是对某一理念认同的人比较多而自然形成的，其中会有一些代表人物。本节对笔者考察的当下汉服运动较为有代表性的理念流派作一个大致梳理。

一、形制党

"形制党"即强调汉服必须"形制正确"的流派。汉服运动在早期就已经在汉服形制实践中分化出形制党与改良派两个流派。如今，汉服运动对"形制正确"的要求可以说基本已达到了全面共识。因此，形制党与改良派这两个概念在当下也已不再被强调。但就"以什么作为形制标准"，其内部亦进一步分化出理念不同的小流派。如以下几个代表性流派，本质上都属于形制党。

二、古墓派

"古墓派"可以说是当下最典型的唯出土文物论的实践群体。据笔者了解到的情况，早期的古墓派要求汉服从形制到面料、配饰、鞋履都必须遵从古制。值得注意的是,"古墓派"这一称呼,据说最早是反对者对他们的蔑称。即便现在有许多同袍也自称"古墓派",是一个趋向中性的称呼,但在某些场景或语境下使用,也会使他们感到反感。后来,古墓派中发展出了"古墓仙女"派,简称"古墓仙"。古墓仙女派,是以同袍"梅雪无名"为核心的实践流派,主要研究实验文物考据和科普符合服饰文物的"正确形制"的汉服,曾经产生网络读物《古墓仙女汉服入门穿搭手册》。据了解,古墓仙女派对于遵循古制这一点要求没有那么严格,比如他们认为可以采用雪纺、蕾丝等新面料等。

三、明制党

"明制党"也叫作"明制爱好者",主要指汉服运动中主张以明代服饰体系为蓝本建构当代的汉服体系,并将其应用在族际、国际场合代表汉族人形象的流派,理念倾向于唯出土文物论。不过其中也有只是喜欢明制款式,但对汉服体系建构没有明确主张,或是总体而言倾向明制汉服,同时也不排斥汉服也可以有其他朝代形制发展可能性的同袍自称"明制党"。"明制党"早期也叫"唯明派"或"尊明派",与"尊周派""尊唐派"都是早年汉服运动"朝代论"中比较活跃的流派。但近些年汉服运动越发重视传世或出土文物考据,这使明制汉服得到了更多的实践机会。如今,"明制党"在汉服运动中可以说是一个占比较高的群体,但根据其群体实践理念的差别,其中也细分出不少小流派,如注重礼制建构的"尊周崇明"、将"在哪跌倒在哪爬起"理念进一步深化的"晚明派",以及以"传统为体,洋物为用"为实践理念的"汉洋折衷"流派等。

四、传服圈

"传服"是"传统服饰"的简称,"传服圈"是主张并注重汉服发挥作为传统服饰民俗功能的理念流派,其实践者有的会自称或互称"传服人"。基于其他知名民族服饰的实践经验,传服圈对于能够作为"传统服饰"的汉服一般有两个层次的要求。第一层是必须有正确剪裁的形制,可见他们是倾向于"唯出土文物论"的群体之一。尤其是受和服的"和裁"与韩服的"韩裁"概念影响,传服圈认为,服饰实物的文物是探究汉服剪裁,即"汉裁"的主要依据,文献古籍、古画、陶俑等只能反映其表象,但对衣服的实际结构、数据比例等细节摸索,非实物不能参考。第二层是,传服圈认为,汉服文化的复兴与传承应该是包含了织染绣技术、传统纹样、民俗寓意以及其他相关饰品搭配、四季时令意识、着装场景意识等的完整体系。此外,不少传服人也都倾向于在"汉裁"不被破坏的基础上用现代人的时尚审美表达及赋予汉服新的风貌。

五、早期先驱派

本书中的"早期先驱派"是笔者对当下以杨娜为代表,曾活跃于"汉网"以及早期"汉服吧"的汉服运动先驱们在当下组成的实践团队的称呼。早期先驱派最有代表性的实践理念为他们对汉服特征总结的"平中交右,宽褖合缨"[1]这一"八字诀",并主张以此作为判断一件衣服是否为汉服的依据。相较于当下许多直接用传世

---

[1] 平:平面剪裁;中:有中缝;交:领子上下交叠;右:右衽;宽:宽松;褖:有内衬;合:合手时衣袖能够自然下垂且不露肘;缨:系带。

或出土服饰实物这类具体参照物来界定汉服,"八字诀"的界定方式延续了早期汉服运动泛化的定义方式。但也正因如此,早期先驱派所认定的"汉服"范围是十分广泛的。一方面,他们认可文献古籍、古画、陶俑等非服饰实物的考据资料;另一方面,他们认可在"八字诀"框架内的改良。对于唯出土文物论,杨娜在接受笔者访谈中表示:"中国古代服饰史本质是针对古装的,唯出土文物论可以理解为以复兴一件件古代服装为基本初衷。但汉服运动是复兴不是复古。汉服不能与以文物文献为基础的个体化画等号,汉服形制的标准应该是民族服饰体系的共性,不是历朝历代古装单品的个性。"值得一提的是,就笔者的田野调查来看,虽然唯出土文物论在当代汉服运动的网络舆论中较为主流,但实际线下实践的现状更接近于早期先驱派的理念。

第二章 汉服运动实践者的自我表达

第一节
汉服同袍与"人设"建构

汉服运动自 2003 年兴起至今，在社会众多领域引发了许多热点话题。人们除了对汉服运动这一现象格外关注外，也十分关心实践汉服的群体。汉服运动是汉服同袍实践的直接产物，这意味着作为汉服文化的传承母体，同袍的特征决定了汉服运动的实践样态。

随着互联网的发展，越来越多的中国青年会在社交网上分享生活、表达自我。由此，在我们的日常网络社交中常常会看到"吃货""打工人""艺术家""文艺青年""元气少女""中二少年"等网络形象。基于互联网形象标签化及扁平化的特征，本书将网络形象用"人设"概括。"'人设'是'人物设定'的缩略语，原为动漫专业术语。"[1] 如今"人设"多指个人的形象设定，尤其是公众人物的形象设定，既包括外貌形象，也包括性格、气质形象。[2] 人们在社交网上发布的照片、视频，编辑的心情语录、文案，转发的文章等网络动态，以及网络互动时的表达方式（包括表述的观点、用词、表情符号、标点符号、语气、声音等），都可以是人设构成的线索。许多"袍友"相识于互联网，但实际生活中并无交集，也从未在线下见过面，彼此之间皆是基于互联网"人设"进行互动。此外，与一般的互联网社交一样，许多同袍在参加完汉服实践的活动后，都会将活动情

---

[1] 徐丽娜：《大众文化视域下"人设"的传播解读》，《黄河科技学院学报》2019 年第 6 期。
[2] 参见徐丽娜《大众文化视域下"人设"的传播解读》，《黄河科技学院学报》2019 年第 6 期。

况反馈到社交网上。因此,于生活意义而言,通过汉服建构人设达到社交目的,也开始成为当代中国青年实践汉服的乐趣之一。汉服运动中,汉服照、汉服视频、网络互动等亦都是汉服实践中人设建构的主要方式。周星曾在汉服运动的研究中对汉服照之于汉服运动的重要性行进过特别阐述,他认为:"汉服照的炫耀性展示和追捧式赞美,在虚拟汉服社区内形成了某种结构性的关系,不只是'给看''被看'和'看'的关系,它还是同袍们共同建构一系列的氛围、美感和共享理念的团队机制。"[1]

当然,这些被展现出来的人设不一定都是准确或真实的,它们更有可能是具有过滤、强化、遮蔽性质的,甚至是虚假的。换言之,人设主体的线上"人设"与其本人可能多少会存在着差异。其一,人设不一定完全是主体自身特意建构出来的,它可能是阅览者通过发布者所展现的碎片信息自己拼凑解读出来的。在这一点上,即使从来不在社交平台上发布任何动态的人也会很容易被解读为"高冷""低调""不爱社交"等人设。其二,大部分情况下,无论人设主体是否刻意建构人设,其呈现在社交网上的绝大部分样态都是经过人设主体筛选展现出来的,可以说是人设主体所认同或是想要成为的自我。此外,不同性质的社交平台所展示的内容亦会有所差别,如对于一般人而言,微信朋友圈这类私密性与真实性较强的社交平台,发布者在发布内容时会较为谨慎,更注重自己的人设。而在微博这类公共性、虚拟性较高的平台上,发布者会更加"放飞自我"。[2]但对于明星、自媒体等公众人物来说,在公共性、虚拟性较高的平

---

[1] 周星:《百年衣装——中式服装的谱系与汉服运动》,商务印书馆2019年版,第271页。
[2] 参考微博话题"朋友圈的我和微博的我"。

台上则会对言行更加谨慎，以维护好人设。"从广义来说，'人设'是一种主体与客体互构平衡的符号系统，是行为主体在社会交往活动中，为实现特定目标，综合考量自身实际状况、目标定位需求、利益相关者期待、法律道德习俗规范等因素，通过一系列赋权博弈实现自我认同建构，从而为自身赋予某种独特品性特征符号化形象的过程。"[1]

---

[1] 周瑞春：《网络"人设"中的自我认同及其伦理之维》，《天府新论》2020年第1期。

第二节
汉服"人设"群像

一、"大明贵妇"

"大明贵妇",又称"大明富婆",是当下汉服运动中较为典型的"有闲阶级"人设。不过,这里的"有闲阶级",大部分情况下并非凡勃伦在《有闲阶级论》中所定义的"不从事劳动性生产,拥有大量资产,通过社交、娱乐来消费闲暇时光的上流阶级",而是类似于这种"上流阶级"的外形或氛围的人物形象。之所以限定为"大明",是因为汉服"贵妇"形象往往是通过明制汉服建构的。随着近年来汉服考据的发展,当下汉服在工艺制作上有了比较显著的突破。同袍不仅复原了古代服饰文物,还热衷于复原传统的织染绣工艺。其中离现代最近,现存完好文物最多,最便于考据的明代汉族服饰及工艺在复原工作上有着明显优势。而这些复原的文物蓝本,又几乎都是曲阜孔府旧藏、皇室陵墓,以及其他在当时具有身份地位阶级群体的服饰。服饰工艺作为服饰的重要组成部分,能够直观表现服饰的审美价值与地位象征。而明代服饰织造的代表织金、妆花、提花暗纹等工艺,是中国服饰织造技术中高水平的代表。可以说,明代服饰织造工艺的再发现与再生产,是汉服运动中会诞生出"大明贵妇"形象的主要原因。需说明的是,"大明贵妇"有两种类型。一种是视觉层面的"贵妇",即服饰本身不一定很贵,但造型看起来很富贵的"大明贵妇"。事实上,市面上大部分的明制汉服,虽在品相上毫不逊色,视感上浑厚而精美,但布料材质多为聚酯纤维,做工也不太讲究,一套造型大致在200元至500元上下,

第二章 汉服运动实践者的自我表达 | 057

图 2-1 雍容端庄的"大明贵妇"形象
（同袍"牙麻麻说请叫我追星使我勤奋"供图）

是普通学生及工薪阶层都能消费得起的。第二种是确确实实用"真金白银"打造出来的"贵妇"。她们在选购明制汉服时，会进一步注重服饰的品牌、材质、做工等细节。除了衣服外，她们亦非常喜欢采用烧蓝、点翠、花丝、景泰蓝等工艺的头饰、璎珞、耳坠，以及缂丝缂花、名绣手绣团扇等配饰。她们一套造型往往动辄数万，可以说是更接近字面意义的"贵妇"。（图 2-1）

与当代社会所谓的"贵妇圈"一样，"汉服圈"的圈层链也往往会体现在服装品牌上，且在第二种"大明贵妇"中尤甚。像"明华堂""汉客丝路"等，都是汉服圈中明制汉服的高端品牌，单件一般在 1500 元到上万元人民币不等。此外，"静尘轩""万宝德"是汉服高端饰品的代表，也是"大明贵妇"的象征之一，小件价格约数百元至千元，中大件约数千至上万元，甚至有些高达数十万元

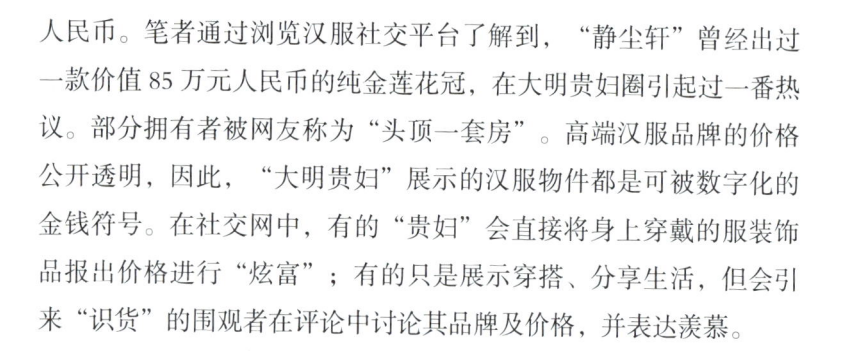

人民币。笔者通过浏览汉服社交平台了解到,"静尘轩"曾经出过一款价值85万元人民币的纯金莲花冠,在大明贵妇圈引起过一番热议。部分拥有者被网友称为"头顶一套房"。高端汉服品牌的价格公开透明,因此,"大明贵妇"展示的汉服物件都是可被数字化的金钱符号。在社交网中,有的"贵妇"会直接将身上穿戴的服装饰品报出价格进行"炫富";有的只是展示穿搭、分享生活,但会引来"识货"的围观者在评论中讨论其品牌及价格,并表达羡慕。

当然,在社交圈中有炫耀就会有虚荣。在普通的社会圈层中,有些阶层并不太高的人出于各种目的会通过租赁、合买奢侈品,购买二手品、仿制品,或将他人的奢侈品当作私有物来建构自己"富裕阶层"的人设。一旦这种虚假人设被揭穿,也会引来众人的嘲讽或讨伐。在汉服圈的"贵妇社交圈"中,偶尔也会有类似的现象。

二、汉服收藏者

随着汉服制作的日益精致化与汉服同袍的购买力增强,收藏汉服成为汉服运动中的新型实践方式。收藏汉服的方式主要有两种。

一种是集邮式收藏,这种方式对于收藏者来说有达成目标的意味。集邮式收藏可以说是伴随着当下集邮式消费而形成的,指的是"消费者在进行消费时针对喜欢的品牌进行不同系列的集邮式的全部收藏"[1]。出生于中国20世纪80年代前后的群体,童年时代就盛行过收集小浣熊干脆面水浒卡等"集卡"活动。如今,集盲盒也

---

[1] 孙剑:《粉丝消费和粉丝经济的相关研究》,《当代经济》2017年第20期。

第二章 汉服运动实践者的自我表达 | 059

图 2-2 "蝈蝈"的衣帽间
（笔者摄于 2020 年 9 月 8 日）

风靡在中国年轻群体之间。根据笔者的观察以及访谈者们提供的信息，汉服运动中的集邮式收藏，通常有集齐每个朝代汉服中最具代表性的形制、集齐所有形制的汉服、集齐一个或数个特定朝代汉服的所有形制、集齐一个或数个特定汉服商家出售的所有系列的汉服、集齐某个系列或形制所有颜色的汉服等多种形式。在田野调查中，就有同袍表示过自己或是自己的朋友正在实行或已达成过这样的收集目标。他们坦言完成这些目标会有成就感，虽然这种行为没有什么实际意义，但是看到衣柜里的收集"成果"心理上会得到满足。

另一种是无特定目标的收藏，它所带来的满足感不在于"完成度"，而是享受尽可能多地收集不同品种汉服的快感。如尽可能收集更多种类颜色的汉服，尽可能收集更多种类纹样的汉服等。受访者汉服穿搭博主"李蝈蝈要当红军咕唧"（以下简称"蝈蝈"）就是一个很典型的收藏者案例。笔者于田野调查期间考察了其衣帽间。衣帽间的两侧墙，上下两排都挂满了汉服，大约600件。这些汉服先按形制再按颜色有序陈列，十分有层次感，她在社交网的汉服展示中也有过数次将汉服颜色进行排序的展示方式。其余一些布料、首饰、配件等也被井井有条地收纳在盒子里或摆放在架子上，无异于一个汉服收藏间。（图2-2）

三、都市佳人

当下流行的汉服穿搭，除了古典风格以外，具有现代都市感的风格也十分受欢迎。"蝈蝈"便是通过这种风格的优秀实践为同袍所知。因尤其得到当下女性同袍的追捧，所以对女性汉服审美有着一定的引导性，在汉服交易中亦可经常见到"蝈蝈同款"的标签。在此，笔者将通过三个案例来展现这种都市风格。

"蝈蝈"曾拍摄视频《走！带上汉服去海边！｜夏日色彩集LOOKBOOK》。这是一部以色彩为切入点，展示六套夏日海边汉服的穿搭指南。（图2-3）在视频中，"蝈蝈"着装轻盈，或拎着编织小筐，或撑着洋伞，或踩着沙滩聆听大海，裙衫借着海风起舞，海边的夏天带着点咸味儿；或在海岸道路上奔跑，或在

图2-3 视频《走！带上汉服去海边！｜夏日色彩集LOOKBOOK》
（汉服穿搭博主"蝈蝈"供图）

图 2-4　万圣节主题的汉服视频截图
　　　（汉服穿搭博主"蝈蝈"供图）

原地转圈儿，或在花丛中嬉笑，洋溢着少女的青春气息。背景音乐是歌手"Achordion"演唱的英文歌曲《假日》（*Holiday*）。欧式轻快的曲风尽显都市少女"Holiday"的轻松悠闲，歌曲中附和的口哨声使视频画面感更为活泼。

在另一条万圣节主题的视频中，"蝈蝈"采用橘与黑为汉服主色，隐喻万圣节"黑夜""南瓜""鬼怪"等象征元素，打下了这一节日氛围的基调。而"蝈蝈"本人则以都市 OL 的飒爽姿态，在上海国际金融中心陆家嘴的 IFC 上海国金中心天台上漫步舞蹈，来回穿梭于月球灯间。被镜头虚化的背景中，高楼林立、灯火通明，东方明珠近在咫尺，庞然有势，远处霓虹中若隐若现的车水马龙，是繁华都市的灵动。背景音乐选取的是歌手拉娜·德雷（Lana Del Rey）的《老钱》（*Old Money*）。该歌曲改编自 1968 年的英国电影《罗密欧与朱丽叶》的主题曲《何为青春》(*What Is a Youth*),旋律复古舒缓。改编后的唱腔比原曲更为深沉,更能凸显该视频的万圣节黑暗系风格。整段视频中,"传统""都市""国际"凝聚为同一情境。(图 2-4)

此外,"蝈蝈"也会分享一些日常都市生活场景中的汉服穿搭。图 2-5 左图是"蝈蝈"取秋高气爽时节的上海古北黄金城道来展现秋冬街景中汉服穿搭的案例。古北黄金城道是上海著名的商业贸易街区,同时也聚集了许多外国人士。金黄的银杏、咖啡店的露天座椅、遮阳伞、步行街道,散发着浓郁的商务休闲风情。其中一套是由羊毛绉纱上衣搭配提花缎下裙组成,清灰色系与金色调街景产生了对比碰撞。配上英伦风的绅士帽,褐色皮制复古手提箱包,颇有商务

图 2-5 都市生活场景的汉服搭配
　　（汉服穿搭博主"蝈蝈"供图）

精英的气质。再看图 2-5 右图中的另一套搭配，白色上衣也是羊毛绉纱，搭配赭石色精纺羊毛马面裙，墨绿色围巾夹银杏叶做装饰，整套色系与街景十分和谐。镜头中，"蜩蜩"手捧咖啡杯，营造出秋凉取暖的氛围。这样的汉服形象与此景的融合，可以用上海话"有腔调"来诠释。"'腔调'是近年来从上海流行开来的一个时尚词语，其含义非常丰富，包含'魅力''品位''风格''素质''个性''特别之处''情调''感觉'等义项。"[1] 上海人的"腔调"来源于开埠之后的上海以其文化中一贯的包容、开放的态度在与西洋文化不断磨合过程中呈现出都市新面貌，令传统文化格局中处于较为边缘位置的上海转而以城市发展的腾飞实现了自我，让开埠之前就存在的"重视商业""崇尚奢华"的风尚得以进一步发扬。[2]

在当下的网络时代中，"汉服网红"并不少见，"蜩蜩"之所以能脱颖而出，与她视频中呈现出的都市品位有关。"蜩蜩"的汉服风格几乎都是纯色暗纹，少数是精美的小单位绣花，是她简约主义的体现。简约主义可以说是当代中国青年的时尚理念之一。"蜩蜩"的视频，其干净的画面、流畅的剪辑、娴熟的后期处理，再配上"有腔调"的音乐，与众多当代青年很容易产生共鸣，也以最直观易懂的方式展现出更为丰富的汉服时尚建构的可能性。"蜩蜩"的汉服审美风格在她的日常生活中也有迹可循，笔者参观"蜩蜩"工作室时发现，其装修风格如她汉服视频的风格一样清爽：白色基调的装修，采光明亮，室内摆放着一些文艺风的装饰品、动漫手办、书籍等。

---

[1] 吴青军：《说"腔调"》，《暨南大学华文学院学报》2007 年第 4 期。
[2] 参见蒋义铮、赵晢《张爱玲与王安忆的"双城"解读——从沪人看港之"腔调"试析上海的都市心态》，《佳木斯职业学院学报》2020 年第 2 期。

图 2-6 社会主义青年——劳动光荣与
女性力量
（同袍"令仪鸭"供图）

图 2-7 代表"平权主义"的彩虹元素
的汉服搭配
（同袍"人淡如菊的三木"供图）

汉服的着装搭配，除了能够建构外在形象外，还能够表达思潮。通过某种象征符号来主张某种"主义"，是近些年来都市青年表达思想的方式之一。将象征符号融入汉服穿搭来表达思想，也是近些年汉服实践的一大亮点。如同袍"相知惠"发起的汉洋折衷流派，会在汉服的纹样设计、色彩搭配上融入社会主义元素，表达自己"社会主义爱国青年"的身份认同。（图 2-6）每年有关女性节日或特定性取向纪念日期间，汉洋折衷流派的微博号就会制作平权主题的汉服特集。（图 2-7）

四、传服人

当下有一群同袍认为，虽然汉服运动将汉服定义为"汉民族的传统服饰"，但汉服运动常年来的实践活动并没有突出其作为传统服饰的意义，也没有更深入地去挖掘及复兴真正与汉服有关的传统文化，而是多围绕民族主义、古装扮演、二次元等展开，这样的汉服运动或激进，或肤浅，总之并不是汉服复兴的"正道"。对此，为了区别于一般的同袍，他们中有人自称或互称"传服人"，或"传服党""传服爱好者"，并逐渐形成上章所述的"传服圈"，试图通过新的实践理念为汉服复兴开辟一条新径。

　　传服人主张注重汉服作为传统服饰的民俗功能，因此他们着力于古代服饰文化的研究，喜欢参观博物馆，收集他国民族服饰的资料等。同时，他们也爱浏览有关艺术、设计、时尚、工艺品等相关资料及信息，以提高自身对服饰的品位，分享现代审美的汉服穿搭。这些活动通常都会反馈在互联网上，随之建构出一种内涵型人设。就笔者接触到的或在网络上关注的数位传服人而言，他们总体批判意识较强，自省意识也比较高，对批评汉服运动的声音接纳度也相对较高。当然，传服人中也不乏因批判意识过高而瞧不上汉服运动的一般实践理念，乃至试图与汉服圈划清界限，主张"传服与汉服分家"的实践者。传服人的实践理念也使传服圈中产生了一批新的汉服运动理论家。传服理论家在看待汉服运动的问题上善用学术视角，在网络发表言论时常引用学术论文、学术经典，平时也会旁听学术会议，擅长列书单，在表达方式上也颇有点"学者味儿"。传服理论家通常扮演"科普"角色，也经常参与社会类话题针砭时弊，如国际关系、女权运动、种族问题、经济实况等，颇有一种学识高、见解深、涉猎广的精英人设色彩。因偏向理论指导，所以不少传服理论家从不上传自己的照片（或是匿名上传，不标明是自己），不透露真实姓名，甚至连性别都含糊不清。

五、汉服仙女

汉服运动中有这样一句话："始于齐胸，忠于明制。"意思是说许多女性同袍早期都是被齐胸汉服的"仙气"吸引进汉服圈，但随着对汉服的认知加深与实践积累，最终对汉服的喜好大部分都沉淀在了明制汉服。对于许多汉服女孩来说，最初汉服吸引到她们的点确实都在于"仙"上。当然，"仙气飘飘"的汉服并不仅限于齐胸汉服，凡是以真丝、雪纺等柔软轻透面料制成的汉服，在视觉上大抵都具备"仙气"。不可否认，不少汉服女孩都有不同程度的"仙女情结"。例如汉服先驱丰茂芳"在网上看见关于汉服的新闻后，整整两天没睡觉，沉湎于汉服论坛中不能自拔，原来那件衣裳就是她儿时的'仙女梦'"[1]。当然，就笔者的考察来看，这并不意味着她们穿上汉服完全是为了扮演古装剧里的仙女。这里的"仙女"，主要是指代一种轻盈、脱俗、娇美、高尚的"仙女气质"，正如当下许多女性都会自称或互称"小仙女"一样，是对自己女性气质的一种建构。而"仙气飘飘"的汉服可以更好地完成这种人设建构。

六、英雄儿女

对应女性同袍的"仙女梦"，"英雄主义"可谓许多男性同袍的汉服情结之一。尤其是近年来，汉服圈与甲胄圈的互动更是进一步强化了汉服运动中的这一"英雄"形象。在笔者参加过的所有社团性的汉服活动中都能看到甲胄形象。据田野调查中的同袍们介绍，

---

[1] 杨娜等编著：《汉服归来》，中国人民大学出版社2016年版，第154页。

汉服圈与甲胄圈的融合有三个原因。其一，近几年中国甲胄文化开始兴起，两个圈子的爱好者有重合。其二，甲胄的内衬必须穿复原的历史服饰，所以跟汉服圈会有一定交流。其三，由于同属中国古代的服饰文化，且都处在有待复兴的状态，也促使两个圈子的成员容易惺惺相惜，抱团取暖。2020年7月，笔者考察了"雅合风华"与"万狮堂全甲格斗"联合举办的"汉服&甲胄展演"活动，活动的主持人也说道：

> 我们中国的铠甲以前是没有人复兴和发掘它的，就像汉服一样，是被大家遗忘在后面的一种文化。……跟汉服一样，汉服是在一个发展的复兴的道路，全甲格斗也是一样的……

格斗运动可以说是一种尚武精神的体现，通常是男人们在战斗中通过力量击败对方以展现自己的丈夫气概。在"汉服&甲胄展演"的格斗比赛中，亮相的参赛者全员都是男性。比赛中，"战士"们时而相互试探，时而进攻搏击，时而防守，时而又抱头厮打在一起，剑击打在战甲上的声音听起来危险又令人兴奋，剑与剑的碰撞也不时迸出火花，周围观众们跟着喝彩欢呼，解说员时不时提醒观众注意安全，保持距离，现场充满了荷尔蒙的气氛，与该展的汉服表演形成一刚一柔的对比。（图2-8）除了一身戎甲外，"战马""长枪""弓箭""沙场""报国"，亦都是常见的建构英雄形象的道具或场景，从中也凸显出汉服运动中甲胄爱好者的英雄主义情结。如"中国首届海龙屯甲胄文化旅游节"的宣传短片中就有这样的描述：

> 每个人心中都有一个英雄梦，黄沙百战穿金甲，是融入我们骨子里的英豪血气。

图 2-8 "汉服 & 甲胄展演"活动景象
（笔者摄于 2020 年 7 月 4 日）

值得一提的是，在汉服运动的甲胄爱好者中也有相当多的女性成员，她们的甲胄形象也常被同袍们称赞为"花木兰""女英雄"。笔者在访谈中了解到，她们"玩"甲胄，有的是纯粹觉得"好玩"，有的是想展现多面的自己，有的则认为这是打破性别刻板印象，对女性力量的展现。

七、"同袍"

上章中已介绍,"同袍"是汉服运动实践者彼此间统一的称呼,出自"岂曰无衣,与子同袍",有"拥有同一件民族衣裳"与"共同为复兴这件衣裳而奋战"的一语双关之意。不难感受到,"同袍"这一称呼蕴含着十分坚定的责任感与信念感,这也是汉服运动之所以会兴起且持续至今的最原始的内在核心力量。即便当下汉服运动的实践方式越发通俗化、娱乐化、多样化、个人化,但以同袍身份聚集,集体向大众表达复兴汉服的意义、复兴汉服的决心,或是挺身捍卫汉服的活动,依然占有十分重要的地位。

将汉服穿出户外进行公共展示以达宣传目的,是同袍最早亦是最为基本的活动的方式。周星也曾指出,通过在某些大型公共活动中让汉服"秀"出来,亦即用汉服"蹭热点",再通过大众媒体予以放大,构成热门话题,可以说是汉服运动常见的运营策略。[1] 本研究中,笔者重点考察了"结合传统文化展示汉服"与"汉服出行日"两种活动中的同袍形象。

结合传统文化展示汉服的活动大致有三种类型。一是与传统节日结合,穿汉服进行民俗祭典或表演,如中秋节祭月、花朝节祭花神等,将汉服置于节日语境中展示。二是结合传统礼仪,如穿汉服举办汉式婚礼、成人礼,或祭祀英雄伟人。除了强化汉服与"礼仪之邦"的关联性,同袍也期待通过这种形式传达传统仪式感回归当代生活的可行性。三是结合传统文艺活动,如穿汉服进行插花、茶艺、

---

[1] 参见周星《百年衣装——中式服装的谱系与汉服运动》,商务印书馆 2019 年版,第 205 页。

图 2-9 "汉服 & 甲胄展演"中展示唐制婚礼
（笔者摄于 2020 年 7 月 4 日）

古典乐器等才艺表演展示汉服。在"汉服 & 甲胄展演"的田野调查中，有十分丰富的仪式与文化艺术展演，如唐代礼仪、插花、投壶、唐制婚礼等。唐制婚礼的展现较为完整，不仅有专业的汉服模特扮演新人夫妇及执事侍女，还有主持人在旁解说。如"面揖礼""三揖三让礼""却扇礼""沃盥礼""同牢礼"等礼节仪式都有十分详细的流程展现及寓意讲解。（图 2-9）一些传统节日确实经汉服运动而得到一定程度的复兴。其中有的是几乎被遗忘的节日被重新过起来，如"花朝节""上巳节"都是通过汉服运动被再度关注的。再有就是复兴节日原本的意义。如同袍们指出七夕本是"乞巧节"而非"中国情人节"。不过，当下部分同袍也不再将"乞巧节"视为祈求心灵手巧、觅得中意郎君的节日，而是结合当下女性独立的价值观，融入祈求事业顺利、提高赚钱能力等寓意。

第二章 汉服运动实践者的自我表达 | 071

图 2-10 无锡汉新社 2020 年"汉服出行日"活动
（笔者摄于 2020 年 11 月 22 日）

图 2-11 在英同袍抗议迪奥文化盗用马面裙的场景
（同袍"三槐明澈"供图）

为纪念王乐天 2003 年 11 月 22 日首次穿汉服出行，每年该日被定为"汉服出行日"。该日前后，全国乃至全球的汉服社团会召集同袍穿汉服列队上街巡游，向公众展示汉服。笔者参与观察了无锡汉服社团的"汉服出行日"活动，发现和其他形式相比，这是当下较为纯粹的以宣扬汉服为直接目的的展示。"汉服出行日"的活动形式十分简单，社团成员聚集后列队慢行，巡游地点一般是在古街或公园，全程少有其他方面的文化宣传。（图 2-10）

此外，在本次调查研究结束后，亦发生了一件十分能够体现"同袍"形象的汉服运动事件，值得补充一提。2022 年 7 月，著名时尚品牌迪奥发售了一款"黑色中长半身裙"，并在产品说明中注明"这款半身裙采用标志性的迪奥廓形"。该款半身裙被同袍指出无论是外观造型还是剪裁结构，都与汉服的马面裙几乎一模一样，是对马面裙的"文化盗用"。为此，不少海外汉服社团及同袍自发组织游行、集会，抗议迪奥的"抄袭行为"与对中国文化的不尊重。（图 2-11）抗议活动中，同袍们不仅身着马面裙，还打印制作了马面裙的简介、汉服的历史，以及迪奥文化盗用了马面裙的依据等纸质资料向围观的路人展示或介绍。虽然同袍并未通过抗议达到他们希望迪奥道歉或下架商品的诉求,但从其声势浩大的行动与巨大的成员凝聚力可以窥见,同袍对汉服的信念感与责任感是非常强烈的。而马面裙也通过国内舆论发酵成为目前汉服中最为大众所认知的款式。2024年年初,"山东曹县卖了3亿马面裙仍供不应求"词条一度登上微博热搜。

这些活动使汉服及传统文化得到了大量曝光,引起社会的关注与重视。在这一过程中,对汉服复兴持有坚定态度的"同袍"人设亦被自然建构出来。

八、"袍子"

如上章所述,"袍子"这一称呼是对"同袍"的柔和化,在当下汉服运动各种日常实践与非正式活动场合中的使用度也非常高,完全不亚于"同袍"。笔者在调查中的感受,"袍子"人设在当下汉服运动中最为大众化,亦最能代表当下汉服运动实践者日常生活中的普遍形象。因此,笔者也将用更多笔墨重点描述。

虽然在一些正式的汉服宣传言说中依然会运用宏大叙事以体现汉服运动的正当性,但大都流于形式主义。如2019年洛瑛汉服社新人大会中,社长讲解社团理念时使用的影像资料中出现这样的文字:

> 兴于衣冠,达于博远。如今恢复和穿着汉服,其意义在于尊敬五千年中华文明辉煌成就,尊敬为文明发展生产建设、辛勤劳动、发明创造的华夏先辈。

随后,社长打趣地自行将其解构:"象征性抒情,其实就是出去玩,拍拍照。"社长接受访谈时也说:"我喜欢汉服3年,最初是因为看抖音知道并喜欢上的。现在很多年轻人都是先从视频短片上喜欢汉服,再去慢慢了解历史和背后的文化。"日常生活中许多同袍以"玩"为直接的实践目的,自称或互称"袍子",建构更为松弛的汉服形象。袍子的汉服文化实践有着较强的娱乐化、休闲化倾向。

节假日和周末,穿汉服出门游玩是一种新的休闲方式。如今是流行在微信、抖音等社交平台上传照片、视频以记录、分享、展示个人日常生活的时代,汉服也成为无异于其他生活趣事的一部分被记录和分享。袍子们也"玩"出了不少花样,例如,穿裙子转圈是爱美女孩的乐趣,由于汉服裙摆较大,能满足女孩"转圈圈"的少女心态。从效果看,汉服裙摆越大转出的美感越强,故汉服圈流行这样一句"谚语":"三米成桶,六米成花,九米成仙,十二米上天。"这是袍子们在汉服实践中总结出的经验。

"秀衣"也是汉服运动比较常规的一种文化展示方式,早在"汉服吧"时代就有"秀衣党"之称。或许在许多"圈外人"眼里,上述制造公众事件展示汉服文化,本身就是一种"秀衣"形式,但在汉服运动内部看来是存在信念上的差异的。对十分注重强调民族意识的早期汉服运动而言,"秀衣党"只是喜欢穿漂亮衣服,只关心自己美不美,并不关心汉服以及汉服背后所关联的文化礼仪等是否能得到复兴,无异于"影楼古装爱好者",因此"秀衣"在当时是倾向贬义的。如今,"秀衣"已经成为汉服运动十分常态化的现象,对于许多袍子来说,"秀衣"也是实践汉服的一个重要环节。一方面,有些袍子认为,精心挑选购买,甚至苦苦等了数月工期才拿到

图 2-12 杂志风的汉服搭配展示
（同袍"这是一只会喵叫的小兔子-jmh"供图）

手的漂亮小裙子[1]不拿出来"秀"一下很是浪费，被人看到才够值。另一方面，不少老同袍也开始发现，以"秀衣"形式向社会直观地传达汉服美学来普及汉服，会比一味诉说历史悲情，强调民族意识来得更容易被社会接纳。当下，"秀"的风格除了常见的唯美、大气、端庄等体现古典文化内涵的风格外，甜美、飒爽、搞怪、文艺等当代流行时尚趣味的风格亦显主流。同时，近几年视频平台的发展也为汉服"秀衣"带来了更多样的表达。袍子们或拍摄个人视频博客，或在短视频平台跟着音乐节奏"变装""变身"来展现汉服等。此外，当下的"秀衣"除了以"穿"的形式展现，亦有部分在设计、摄影、时尚等方面较为擅长的袍子做成类似于时尚杂志搭配指南的形式进行展现。（图 2-12）

---

[1] 当下许多年轻同袍在日常交流时将汉服称为"小裙子"或"漂亮衣服"，以示其只是一种普通着装而非奇装异服。

第二章　汉服运动实践者的自我表达 | 075

图 2-13　活动中的汉服与 JK 制服
（笔者摄于 2020 年 8 月 8 日）

汉服运动娱乐化也带动了一些新文化现象的出现，从中产生了更多崭新的人设形象。典型的如近几年年轻群体服饰文化热度较高的"破产三姐妹"。"破产三姐妹"是指"汉服""JK 制服"[1]"洛丽塔"（Lolita）三类服饰及圈子。因玩转这类服饰通常开销较大故被戏称"破产"。穿这类服饰的女性分别被称为"汉服娘""JK 娘"和"Lo 娘"。在青年网络亚文化中，兴趣圈又被称为"坑"，热衷某一领域爱好，被称为"入坑"。受此影响，"破产三姐妹"又统称为"三坑"。田野调查期间，在几乎所有汉服活动现场都能看到洛丽塔与 JK 制服的着装者，社团成员在一些弹性较高的活动中十分欢迎"Lo 娘""JK 娘"的围观或参与。（图 2-13）笔者在线下对两个社团的观察与访谈发现，女性袍子相当一部分是"双坑"或"三坑"，亦有不少涉足二次元文化的另一巨头"Cosplay"。

---

[1] 女子高中生制服。"JK"为日语"女子高校生"的首字母缩写。

图 2-14 2020 年"China Joy"的景象
（笔者摄于 2020 年 8 月 1 日）

  "Cosplay"中文译为"角色扮演"，就是（以青少年为主）自制服装和道具，扮演成喜爱的动漫、游戏等作品中角色的行为。[1] "中国国际数码互动娱乐展览会"（以下简称"China Joy"）是中国最具影响力的游戏展，其本质也是数码游戏产品、动漫及周边产品的大型商业展，原本就有许多 Cosplay 玩家着 Cosplay 装参与。2020 年"China Joy"首次设置汉服展区，成为具有代表性的汉服运动与 Cosplay 文化的"跨圈"交流活动。（图 2-14）汉服运动自兴起以来被不少"圈外人"认为是对古人的角色扮演，其实并不尽然。除

---

[1] 参见李凯利《后现代语境下 COSPLAY 群体文化认同与身份建构研究》，硕士学位论文，南京大学，2017 年。

了生成于民族语境的汉服文化与依托 ACG[1] 属于 ACG 衍生文化的 Cosplay 文化本不"同根同源"外,最关键的是两者对建构的形象也存在认同差异。Cosplay 群体扮演角色时,对自我的身份认同显然与其所扮演角色的认同不一致。如当一位 Cosplay 玩家扮演美少女战士时,会很明确美少女战士的形象是"他人"而非"自己",且不会长期沉浸于该角色中。而同袍穿着汉服,是在建构作为汉族人的"自己",即他们明确"汉族人"与"自己"的身份是一致的,且认同这种汉服形象是自我形象的一部分。

与 Cosplay 相似的还有"女装爱好者"。这是指通过服装、化妆及图片后期处理,对女性进行模仿表演的男性,出现于 2016 年的二次元圈。[2] 在当下,女装爱好也不仅是二次元圈的专属,在网络视频博主中也十分常见。这股潮流也同样渗透进了汉服文化实践,笔者在线下活动中就遇到过这样的"女装爱好者",笔者被其惟妙惟肖的装扮吸引并进一步与其攀谈。访谈中他说:"很多人说是弘扬汉服文化,为传承穿汉服,我不是,我只是单纯地喜欢好看的衣服。我常服也穿女装,洛丽塔常服、礼服都有。"该受访者表示自己也喜欢穿男装,并向笔者展示了数张男装照以及其与妻子的汉服"情侣照",同时说道:"服装而已,好看就穿。"

作为传统文化被实践的汉服文化经常给人"古典"印象。而当代新兴的亚文化"古风圈"的"古风"元素,又给汉服文化塑造了不同以往的古典风格。古风文化风格形成的主要来源是传统文化和

---

[1] 动画(Animation)、漫画(Comic)、游戏(Game)的总称。
[2] 参见苏有鹏《女神的诞生:符号学视角下"女装大佬"的身份建构》,《新闻传播》2019 年第 16 期。

二次元文化[1],最早发迹于网络古风音乐。"古风音乐,最早萌发于 2005 年左右网络同人为《仙剑奇侠传》系列国产网络游戏的配乐、填词与翻唱活动。"[2] 近几年仙侠剧风靡全国,也为汉服运动新增了"仙侠风"风格。"'仙侠奇幻'题材影视剧以表现神、仙、妖、魔的情感故事和正邪较量为主要内容,主人公大多具有超自然能力,在艺术风格上充满非写实的瑰奇浪漫色彩。"[3] 可以说,仙侠剧综合了传统文学作品改编的神话剧(如《新白娘子传奇》)、怪谈剧(如《聊斋》系列片)以及武侠小说改编的武侠剧(如金庸武侠片)等多种古典题材元素。受仙侠古风的影响,汉服运动中"才子佳人"的形象也发生了变化,这种变化尤其体现在男性的自我建构上。其中比较突出的是在"才子"的刻画上更加偏重外貌。在以往的汉服运动中,男性汉服形象的审美价值往往是不受重视的,所谓"翩翩公子"的形象,大多是通过才艺、学识、谈吐等内在形式表达。"男性穿着汉服似乎更多是为了表明立场和见解,标榜和彰显主张及个性。"[4] 另一方面,在中国传统的审美价值观中,往往强调男性要有"阳刚之气",这是需要通过长久的意志锻炼才能训练出来的勇敢、果断、坚强等气质。而通过保养肌肤、涂脂抹粉等修容方式塑造美,几乎是女性的专属。如果一位男性"细皮嫩肉",那么则会被贬低为"小白脸""娘气"。但在年轻群体里,外表"阴柔"的男生成为一种新的审美。这种审美在仙侠剧中也得到了充分展现,他们能满足当

---

[1] 参见岳梓月《青年亚文化视角下的中国网络古风文化研究》,硕士学位论文,山东大学,2017 年。
[2] 孙炜博:《文化批判视野下的网络古风音乐探析》,《文艺争鸣》2017 年第 8 期。
[3] 戴清:《"仙侠奇幻"影视文化热的审美思考》,《中国文艺评论》2015 年第 3 期。
[4] 周星:《百年衣装——中式服装的谱系与汉服运动》,商务印书馆 2019 年版,第 244 页。

第二章　汉服运动实践者的自我表达　｜　079

代年轻女性对男性外貌与仙侠剧唯美风格的偏好需求。此外，女性观众对影视剧中的角色配对的喜好已不只停留在以往影视文学作品中的"郎才女貌"，男性之间的友情也成为新的看点。甚至男性有时候设立一种"柔弱"的形象，反而会更引起女性的兴趣。笔者在线下的汉服活动中常常能看到许多符合仙侠气质的男性，他们大多容貌比较符合当代"帅"的标准，在人群中会出众一些。在服饰的选择上，他们会更倾向魏晋制或宋制汉服，这可能是因为仙侠剧中的戏服大多参考了这两种形制。其中魏晋制偏侠气，而宋制偏儒雅，都带着"唯美"感。在妆容发型上，他们有的会配上仿仙侠剧的假发，有的会化精致的妆，甚至有的会找专业的造型师为自己打造形象。另外，除了这种"美男"形象，还有一种类似于电视剧《仙剑奇侠传》中角色"李逍遥"角色的"痞帅"形象。汉服运动中的"痞帅"男性比起容貌的"美"，他们会更注重造型上的"酷"。因此他们的服装往往不那么讲究，有的也并不是"形制正确"的汉服，更偏古风游戏化的改良。在发型上他们通常会保持自己原有的样式，因此其中也会有比较潮流的烫发、染发，在仪态上也会做出比较"酷"的姿势。

在娱乐中，袍子之间形成了一种"汉服社交"的交友方式，素不相识的袍子们以网络平台为媒介，线上聊天线下见面，从而成为现实的朋友。笔者跟访汉新社活动时注意到，大部分参加活动的袍子只是想有个穿汉服、交朋友的机会，部分独自前往现场的"袍子"会主动与同样"落单"的"袍子"搭讪，然后成为同伴。如果彼此确实聊得来，还会进一步交换联系方式，成为真正的朋友。活动现场也有人是被社团的"袍子""安利"[1]到了汉服,想通过活动观望一下再决定是否要"入坑"。参加活动的袍子许多都是重在参与,重在开心,用当地话讲就是"噶闹忙"[2]。

"袍子"形象更侧重反映的是将汉服日常生活化、娱乐休闲化。这一称呼也使同袍之间及汉服文化对外宣传的交流气氛变得更为轻松,更能够拉近彼此及一般群众的关系。从"同袍"到"袍子",汉服运动的神圣感与使命感在表面上也都被大幅度解构,更加凸显出其青年亚文化的娱乐属性。

---

[1] 网络流行语,意为"推荐""介绍"。常见用于汉服网友在推荐、分享或求推荐、分享好物的场合。
[2] 吴语,意为凑热闹。

第三节
"人设"建构中的民俗主义

一、传承母体的迭代

"在当下中国,众多历史悠久、影响广泛的地方文化被赋予政治、经济、文化价值,超越其原生语境的文化时空与传承享用群体,成为被展示、被消费的对象而被重新发明出来,广为'传承母体'之外的人们所享用、利用、再生产乃至消费,成为民族—国家甚至超越民族—国家界限的文化遗产。"[1] 这是典型的民俗主义现象。现代世界的民俗主义,是为了回应对于历史连续性的乡愁一般的需求,把民俗作为过去和近代以前的传达手段而予以客体化,并为现在带来未曾改变的安定性的传统的印象。[2] 同袍对汉服的实践是对古代汉族文化的再发现与再生产,也是将"古代汉人"及他们的文化客体化的产物。"汉民族服饰"这一民俗,其传承母体因时空脉络的改变随之发生了变化。虽同被称作"汉人",但显然作为同袍的"汉人"已然成为他们祖先的"观察者",是两组不同的传承母体,这也导致当代传承母体着"汉服"的目的和意义与古时完全不同。

---

[1] 刘晓春:《文化本真性:从本质论到建构论——"遗产主义"时代的观念启蒙》,《民俗研究》2013 年第 4 期。
[2] 参见[日]八木康幸《关于伪民俗和民俗主义的备忘录——以美国民俗学的讨论为中心》,周星译自《日本民俗学》236 号,载周星、王霄冰主编《现代民俗学的视野与方向:民俗主义·本真性·公共民俗学·日常生活(全 2 册)》,商务印书馆 2018 年版,第 602 页。

民族服饰一般被视为一个族群的"客观文化特征",是由"共同服饰"所呈现的"相似性"来强调该族群成员间的"一体性"。[1]因此在民族服饰的建构过程中,一般会使其在形制、工艺、装饰等要素上趋向统一,通过强调自民族服饰典型而独特的符号编码[2],建构鲜明甚至刻板的民族形象风貌。王明珂将这种"传统的创造过程"称为"民族化"的过程,并指出民族服饰在"民族化"过程中忽略了服饰在空间、时间及个人间的变化。[3]换言之,一般的"民族服饰"意在凸显民族共同体形象的共性,而其民族成员个体形象的个性往往是被弱化的。汉服运动理论认为汉服是断代近300余年的服饰,因此它并非对"代代相传"的传统服饰的延续继承,而是以中国古代汉族服饰文化为蓝本建构当代汉族民族服饰的实践活动。蓝本的来源贯穿历史,跨越社会各阶层,形式要素十分多元丰富。不少汉服运动理论家试图通过各种视角概括它们的共性,却无法抹去历朝历代的政治背景、社会风气、文化交流、生产水平、生活方式等时代大环境烙印在服饰上的时代特征。这意味着目前"汉服"这一服饰文本并不具备鲜明统一的民族"编码",当下汉服形象的建构更是趋向个体化。就此而论,汉服运动对汉服的建构实践并未走"民

---

[1] 参见王明珂《羌族妇女服饰:一个"民族化"过程的例子》,台湾《"中央研究院"历史语言研究所集刊》1998年第六十九本四分。

[2] 即有关服饰图、形、色的形式编码和意义编码。邓启耀指出,服饰,无论有什么样的形式要素和意义要素,它们要发生作用,还必须有一种使它们联合起来的结构关系,这就是符号学所说的法则符号(legisign)。如服饰的颜色、图案、形制等一般形式要素,在不同的文化背景下,往往被赋予不同的意义并按特定的法则进行规范。参见邓启耀《民族服饰:一种文化符号——中国西南少数民族服饰文化研究》,云南人民出版社2011年版,第19页。

[3] 参见王明珂《羌族妇女服饰:一个"民族化"过程的例子》,台湾《"中央研究院"历史语言研究所集刊》1998年第六十九本四分。

族化"路线。汉服形象个性多样的风貌取决于穿着者自身的经济水平与风格喜好。

当代汉民族服饰的传承母体,笔者认为主要有两类群体,一是正在崛起的当代中国中产阶级,二是正在成长的中国"Z世代"青年。当然,这两类群体也有重合的部分。

中国民俗学家所指的"生活革命",总体上属于现代化、都市化进程中日常生活方式的革命,它以物质的极大丰盈为基本内涵。[1] 这就需要关注主要生活在都市的中产阶级群体。中产阶级又称"中产阶层""中等收入阶层""中等收入群体"。周晓虹指出,中国当下的中产阶级,是1978年以来社会经济领域改革开放带动社会结构变化,在传统的产业工人和农民之外出现的群体,其中包括1978年以后新生的各种企业家、小业主、小商贩等自营业者、个体户,党政干部和知识分子及国营企业领导人,外资企业的"白领"、中方管理层和高级员工,因高新技术和新行业而产生的高收入群体等。[2] 徐赣丽将作为都市民俗学研究对象的中产阶级限定为主要生活在城市,收入水平处于社会阶层中等上下,受过一定高等教育,从事专业技术和管理工作,有较高文化修养和高质量生活的人。[3] 米尔斯将中产阶级分为"老式中产阶级"与"新中产阶级",前者多拥有自己的财产,后者大多没有能够独立经营的财产,而是为他

---

[1] 参见周星《生活革命、乡愁与中国民俗学》,《民间文化论坛》2017年第2期。
[2] 参见周晓虹主编《中国中产阶层调查》,社会科学文献出版社2005年版,第1、5—6页。
[3] 参见徐赣丽《中产阶级生活方式:都市民俗学新课题》,《民俗研究》2017年第4期。

人工作的高级雇员。[1]当下的汉服同袍大部分即为以上框架内的中产、新中产群体或其子女。

"Z世代"通常指1995年至2009年间出生的一代人，他们一出生就与网络信息时代无缝对接，受数字信息技术、即时通信设备、智能手机产品等影响比较大，所以又被称为"网生代""二次元世代"等[2]，在当今中国全体网民中占比超过四成[3]。汉服运动"一开始就滋生于互联网，借助于互联网，依托于互联网，成长于互联网"[4]，网民是汉服运动成员的群体基础。互联网的普及给汉服运动提供了传播途径，也影响着汉服运动的文化特征。庞大的新世代网民群体的登场必然会是汉服运动主体成员的一场大更迭。

二、消费、展示

中产阶级消费的前卫性尤为明显，很重视文化方面的消费以及消费的个性化和文化品位。[5]当下汉服运动以中国中产阶级为重要传承母体之一，也就意味着在实践中不可避免的消费现象。尤其是随着经济增长，人们休闲娱乐日益丰富，同袍需求亦随之多样化，

---

[1] 参见周晓虹《中产阶级：何以可能与何以可为？》，《江苏社会科学》2002年第6期。
[2] 参见敖成兵《Z世代消费理念的多元特质、现实成因及亚文化意义》，《中国青年研究》2021年第6期。
[3] 参见孙涛《Z世代与网络文学》，《中国当代文学研究》2020年第1期。
[4] 周星：《百年衣装——中式服装的谱系与汉服运动》，商务印书馆2019年版，第260页。
[5] 参见周晓虹主编《中国中产阶层调查》，社会科学文献出版社2005年版，第18—20页。

汉服市场出现了体验性消费、炫耀性消费、享受性消费等多种性质的消费。

凡勃伦在《有闲阶级论》揭示过：服装是金钱文化的一种表现——"同任何其他消费类型比较，在服装上为了夸耀而进行的花费，情况总是格外显著，风气也总是格外普遍，一切阶级在服装上的消费，大部分总是为了外表的体面，而不是为了御寒保暖"[1]。凡勃伦还指出："如果要求衣着能有效地适应目的，那么应当注意的不只是它的代价高昂，而且应当使一切旁观者一看就知道，穿这样衣服的人是不从事任何生产劳动的。"[2]自古以来贵族服饰多为宽衣博带，这是统治阶级不直接从事劳动亦可获得资源的尊贵象征。[3]"大明贵妇"的气质，来自对明代贵族服饰烦琐贵重的工艺、宽袍大袖的装束等"不适用劳作生产"的尊贵符号的复制。"有闲阶级"作为当下汉服运动的热门人设之一，除了以女性群体为代表的"大明贵妇"外，在男性群体中穿飞鱼服的"锦衣卫"，穿曳撒的"武官"，穿圆领袍服戴官帽的"官老爷"，甚至穿龙袍的"皇帝"也并不少见。他们选择古代具有阶级性的服装，笔者认为可以从古代权贵的服装更具有美观性这个角度理解。尤其是男装方面，不只是汉服运动，在大部分服饰种类中，男装审美功能往往都不及女性服饰。因此男性权贵的服饰，纹样复杂、工艺精美，曳撒还具有不同于宽袍大袖的干练挺括的版型，恰好满足了许多爱美男性群体对美的追求。

当然，纯粹展现财富的炫耀性消费在汉服运动中也不是没有。

---

[1] [美]凡勃伦：《有闲阶级论》，蔡受百译，商务印书馆1964年版，第130页。
[2] [美]凡勃伦：《有闲阶级论》，蔡受百译，商务印书馆1964年版，第132页。
[3] 参见沈从文编著《中国古代服饰研究》，商务印书馆2011年版，第66页。

如上述第二种类型的"贵妇"社交中就能找到很多例子。根据国家统计局的数据，2019年中国城镇居民人均可支配收入为42359元人民币，人均衣着消费支出为1832元人民币。[1] 显然，动辄上万的高端汉服不是一般大众消费得起或有闲余消费的商品。此外，像汉服收藏、汉服集邮这种对物品的堆积及展示，当这种消费达到一定金额并被刻意展示出来的时候也可以说是一种炫耀性消费。根据澳大利亚学者奥卡斯（O'Cass）的定义，"炫耀性消费是指通过公开展示、消费那些能向别人示富的产品，从而强化提升自我社会地位的倾向消费行为，关键在于'可见性''示富'和'地位证明'"[2]。汉服社交网上不乏为强调"昂贵"而展示汉服的博主。

不过，汉服运动中以展现财富为目的的炫耀性消费总体还是比较少的，能与大众拉开差距达到"财富炫耀"效果的顶端中产乃至富裕层的群体在同袍中其实占比并不多。汉服运动中的"炫耀性"，更多体现在新中产同袍对汉服文化认同的表现，是因热爱产生自豪感及对群体的归属感。如汉服出行日与捍卫汉服文化的活动中，"同袍"人设是对民族身份的认同与民族自豪感的彰显，同时也是他们对热爱的汉服文化的传达媒介。新中产并不是以资本命名，而是在拥有一定物质基础后，注重个人精神追求，如不断学习充实自己或提升专业技术水平、有艺术追求、爱好体育和休闲。[3] 以非生产活动消耗时间与精力具有荣誉性，故在爱好上下功夫，在多少有些刻

---

[1] 参见国家统计局《城镇居民人均收入与支出》，https://data.stats.gov.cn/easyquery.htm?cn=C01&zb=A0A01&sj=2019。

[2] 张圣亮、陶能明：《中国情景下炫耀性消费影响因素实证研究》，《天津财经大学学报》2015年第4期。

[3] 参见徐赣丽《中产阶级生活方式：都市民俗学新课题》，《民俗研究》2017年第4期。

苦的情况下钻研，学习在适当方式下过表面的有闲生活，懂得恰当的消费，这些都是高贵风度和娴雅生活方式的体现。[1]比如一般的汉服收藏行为，反映的是收藏者对汉服领域专注的品格，传递本人的热诚，可以称之为品位性消费。在参观衣帽间时，"蝈蝈"向笔者很认真地介绍她的汉服："这条裙子是机绣的，刺绣细节上不如手绣精美。"说着，她拿出了一件寿桃纹对襟袄接着介绍，"你看，这是苏绣手绣，它的针脚特别细腻，颜色也有渐变……"可以感受到，她对汉服的传统纹样及制作工艺的知识十分驾轻就熟。在访谈中她亦感叹："需要有一个大房间才能好好养这些衣服。""养"的表达体现了收藏者对汉服的热情与用心。同袍的汉服实践，无论是对汉服历史、传统民俗的研习，还是对汉服工艺、穿搭的考究或创作，均是当代中国众多年轻人表达或发挥自身学识、审美、技术、时尚品位、生活品位的一个切入点。品位消费是无实际需求、纯为享乐的消费，审美判断力是除了满足虚荣和审美愉悦之外没有任何回报的技能。[2]"蝈蝈"在汉服设计、搭配上有着深厚的技术功底，她表示，在很小的时候就学习美术与设计。对于投身汉服这件事，她也很享受地说："收入很多都投在上面了，确实烧钱，但我觉得有意义、很开心，在这过程中实现了自己的一些想法，不管是服装的设计搭配，还是视频的镜头语言，希望能向大家传达我对汉服的不同理解。"此外，汉服"袍子"们进行的各种有关汉服的文化娱乐活动，亦可理解为当代都市青年群体日常娱乐休闲方式的一种，其中产生的支出是十分典型的体验性消费。

---

[1] 参见［美］凡勃伦《有闲阶级论》，蔡受百译，商务印书馆1964年版，第40页、第58—59页。
[2] 参见［法］奥利维耶·阿苏利《审美资本主义：品味的工业化》，黄琰译，华东师范大学出版社2013年版，第57页。

三、文化混搭

当初以 70 后、80 后为主力的汉服运动，同袍们通常共享着颇为类似的价值取向。他们大都喜欢传统文化，喜欢中国历史，喜欢中国古典文学，对于古诗词、传统乐器、民族音乐、女红、武术、书法、茶艺、国学和中国古代服饰等，拥有独到的审美偏好，例如，中国古典文学里"才子佳人"式的审美理想。[1] 彼时的汉服圈，其群体虽然以"复兴文化"的目标不断向"圈外"输出汉服文化及其价值观，但往往又会在不被常人理解的情况下抱着"众人皆醉我独醒"的态度孤芳自赏，或自嘲汉服运动为"圈地自萌"[2]。"随着互联网技术的发展，在新媒介语境中，亚文化借助网络社区逐步扩大传统的亚文化活动范围，逐渐从小众走向范普，突破了亚文化自身原有圈层限制，实现了亚文化'破圈'。"[3] 加之汉服运动阵地由原来社群封闭性相对较强的汉网、汉服吧等转向微博、抖音、哔哩哔哩这类社群更为公开化、多元化的社交平台，也就意味着汉服文化"破圈"的开始。王霄冰指出："民俗主义是一种外向型的休闲活动。"[4] 如今，来自不同"圈子"的"Z 世代"加入汉服运动，开始打破汉服运动单一的价值观与审美取向，给汉服运动注入新元素的同时，也将汉

---

[1] 参见 [法] 奥利维耶·阿苏利《审美资本主义：品味的工业化》，黄琰译，华东师范大学出版社 2013 年版，第 57 页。
[2] 网络流行语，指沉浸在自己的小圈子里自娱自乐。
[3] 韩运荣、于印珠：《网络亚文化视野下的 B 站"破圈"之路——基于互动仪式链理论的研究》，《社会科学》2021 年第 4 期。
[4] 王霄冰：《民俗主义与德国民俗学》，载周星、王霄冰主编《现代民俗学的视野与方向：民俗主义·本真性·公共民俗学·日常生活（全 2 册）》，商务印书馆 2018 年版，第 199 页。

服的文化元素倒注进其他圈子中。这种混合的汉服文化带有多元性质，充满"Z世代"色彩。

首先，小众服饰爱好圈的壮大是当下青年服饰文化的亮点。从同袍间不同的实践目的、理念及方式中可以窥见，当下汉服实践已不再只属于以复兴文化为最终目的的汉服运动，其中部分群体是从其他小众服饰爱好圈来的。如传服圈便是基于"传统服饰爱好圈"衍生扩展而来。传统服饰爱好圈主要是指喜爱和服、韩服、奥黛、纱丽、旗袍等切实存在于当代民俗中并被广泛认定为某个国家或民族传统服装的服饰爱好圈。虽然在一般意义上，"民族服饰"被全民族共享，理应不是"小众"，但现代社会中，民族服饰往往仅在部分族际/国际、庆典仪式或服务业（旅游、餐饮等）等特定场景发挥功能，在老百姓日常生活中无足轻重。而与之相对的是那些将民族服饰视为爱好的群体，他们除了会在日常生活中找机会穿着外，也会研究这些服饰的历史、剪裁、面料、搭配、礼仪等，或是参加相关的群体活动，从而形成一个小圈子。如在日韩皆有和服或韩服爱好者的俱乐部、同好会等。汉服运动中"传服"的概念及实践理念在很大程度上也受到了其他传统服饰爱好圈的影响。如洛丽塔、JK制服等，主要是通过二次元文化传入中国并在年轻群体颇有人气的小众服饰。在当下的中国都市街头，汉服装扮已不再是多么新鲜的景象，与此同时，JK制服、洛丽塔装扮也是大街上可经常见到的。汉服近些年的"街头热"现象并非特殊的小众着装个案，也不完全是汉服运动"单打独斗"的成果，而是中国服饰生活多元化大环境下的景象之一。

其次，汉服与二次元文化的碰撞是汉服运动的新现象。二次元这一概念产生于日本，是对以动画、漫画、游戏为主要形态的二维平面媒介的总称，后扩展到轻小说、电影、Cosplay等领域。[1]近年来，中国传统文化与二次元融合发展也受到关注，成为突破固有思维模式和创作理念、寻求新的生产与传播方式的文化实践路径。[2]汉服文化二次元风的直接表达就是"可爱"化。周星很早就发现汉服运动中的可爱风。[3]但当时多以漫画"萌图"形式出现，即将三次元进行二次元化。当代汉服运动中的"萌"，很多时候已是一种"打破次元壁"的日常化理念，生活在三次元世界的同袍本身就可自带"二次元属性"。值得一提的是，并非所有的同袍都认同这种文化混搭。如上文提到的"汉服娘"，是二次元日语词汇的衍生，"娘"在日语中，是对年轻女孩的萌系称呼。因此，并不是所有女性同袍都会自称或愿意被称为"汉服娘"。部分民族意识较强的同袍甚至对此十分反感，会刻意将"汉服运动"与"破产三姐妹"加以区分，以示"传统文化"与"二次元文化""亚文化"的本质不同。与"可爱"相对应，在现代的社会场景中，拿着长枪大刀作道具，塑造"铁马金戈、保家卫国"的"英雄主义"形象，在笔者看来也多少有些热血动漫或古装影视剧影响下"中二[4]青年"的意味。不少男性受访者也直言表示，喜欢甲胄、飞鱼服等是因为形象比较"酷"，可以"耍帅"。在网络短视频中，也能看到一些穿甲胄、飞鱼服的同袍拍摄当下流行的"变

---

[1] 参见肖慧《当代青年"二次元"文化的样态、生成与引导》，《思想理论教育》2018年第3期。
[2] 参见谷学强《破壁与融合：二次元场域空间下传统文化的生产与重构》，《学习与实践》2019年第4期。
[3] 参见周星《"萌"作为一种美》，《内蒙古大学艺术学院学报》2014年第1期。
[4] 网络流行语，又称"中二病"。二次元文化中的"中二病"主要指做出在外人看来是将幻想世界与现实混同的行为，发表不太符合自身能力或身份的言论。（参见徐舒阳「バニッシュメント・ディス・ワールド——中二病的なアニメ、アニメにおける中二病の表象、そして中二病一」，『表象・メディア研究』，2021年第11号。）

身"、"黑化"等风格的"装酷"视频。再如"China Joy"二次元盛会的现场中,数码游戏体验、电商直播、表演秀等互动,人声鼎沸,展区现场贴满漫画海报,到处滚动着游戏电竞的大屏幕,琳琅满目。传统的、现代的、真实的、虚拟的,这些跨越时空次元的各种元素被拼接、融合。汉服置于此情景中,古代汉民族服饰变得充满幻想光辉,说是为民俗主义并不为过。[1]

此外,汉服运动中的部分同袍将当下青年亚文化的社会思潮体现在汉服的表达中亦可以说是当下汉服运动的一个亮点。新媒体环境下,青年亚文化的实践所彰显出的"身份政治"议题主要表现在性别、阶级、种族和特定性取向人群等四个方面。[2] 这类平权青年在当下的汉服运动中亦有所彰显。无论通过乞巧节融入求事业寓意也好,抑或是部分女性同袍通过男装表达女性力量也好,都可以理解为是这种"身份政治"的彰显。

汉服运动中对文化的混搭还体现在同袍们在实践汉服时的话语表达上。从上文中已经可以感受到,比起早期汉服同袍"之乎者也"般的文绉绉,当下众多同袍使用的话语带有十分明显的互联网特征,同袍线上线下日常交流中频繁使用网络词汇;有时还会使用伴随二次元的日语。笔者在刚着手调查时,常常因为一些没有听说过的新鲜网络词汇而读不懂同袍之间的交流,或在访谈中出现微小的沟通

---

[1] 参见[德]汉斯·莫泽《民俗主义作为民俗学研究的问题》,简涛译,载周星、王霄冰主编《现代民俗学的视野与方向:民俗主义·本真性·公共民俗学·日常生活(全2册)》,商务印书馆2018年版,第82页。
[2] 参见周连勇《数字媒介展演下的青年亚文化流变——基于"新媒体与青年亚文化"的研究综述》,《山东青年政治学院学报》2021年第2期。

障碍，受访者也会耐心地与笔者解释。可以说，热门的网络流行语已经深刻嵌入了当代汉服文化。

第三章 汉服民俗应用的建构实践

第一节
汉服应用的探索历程

一、"穿越"而来的汉服

汉服运动自兴起以来就备受"复古""穿越"等质疑。当时的群众"对汉服没有任何印象,一定要问,回答就是古装戏里的服饰"[1]。但究其原因也无可厚非,因为当时汉服运动所实践的汉服,其大部分蓝本正是来源于古装剧中的"古装"。

对于"汉服是如何'火'起来的"这一问题,网络上流行这样一句评价:"汉服不是突然'火'起来的,是曾经披床单的那群孩子长大了。""披床单"指的是伴随电视机在中国的普及,20世纪80年代、90年代古装剧大量热播,由此引发观剧的孩童将以床单为代表的纺织品披在身上模仿剧中古人着装形象的热潮。从这点便能窥见出汉服受众的基础群体。古装剧中所塑造的中国古人形象,是汉服运动对汉服之美建构的最早依据。如先驱王育良所理解的中国人形象,是基于当时他看的一些中国古装剧和武侠剧,再加上儿时对于《西游记》中镇元大仙的印象,一直以为中国人的样子就应该是宽袍大袖、衣袂飘飘才对,曾经亦把床单披在身上,模仿影视剧里古人的形象,陶醉在那端庄大方的气质之中。[2]再如王乐天出行

---

[1] 周星:《本质主义的汉服言说和建构主义的文化实践——汉服运动的诉求、收获及瓶颈》,《民俗研究》2014年第3期。
[2] 参见杨娜等编著《汉服归来》,中国人民大学出版社2016年版,第33页。

时穿着的汉服是根据《大汉天子》李勇角色所穿着的服饰改造的。[1]杨娜在《汉服归来》中回忆她第一次知道汉服的情景时也写道:"汉服——原来它曾经被称作'古装'……"[2]若进一步细究,不难发现,早期同袍对"古人"形象的模仿实际是有筛选的,他们往往会倾向于选择那些服饰华丽的特定形象,而非一般的劳动者。除了上述的神仙形象外,还有皇帝、官员、公主、小姐、儒生、大侠等。这些形象有的是来源于古代士大夫阶层、权贵阶层,有的是将小人物进行浪漫化的夸张演绎,有的甚至是完全虚构出来的。基于这种形象认知,在汉服运动对汉服之美描述的文本中,往往会频繁地使用类似于"飘逸(长衣飘飘)""灵动""脱俗""大气""端庄"等词汇,勾勒出一幅如诗如画的意境之美,并相信这种美是一脉相承。如鲍怀敏在《汉服的美学研究》中说:"汉服的典型美学特征是宽博飘逸,而飘逸之中又含有端庄,令人可以欣赏而不敢亵渎,给人一种超凡脱俗的美感。……汉服的特点构成的独特风格具有民族特质的美学特征,那朴实凝重、气势磅礴的秦汉,那峨冠博带、追华逐彩的魏晋,那富丽华美、气韵流畅的唐朝,那清新儒雅、飘逸柔美的宋代,朴素秀美、简洁别致的明代,汉服的风格随着社会审美的变化而变化,但它们都传承了汉服基本的特征,在总体风格上是一脉相承的。"[3]这与我们在讨论其他类型的服饰美学时会更关注其纹样、配色、工艺、材质以及相关的装饰品等有所不同。

但很显然,同袍所相信的这种意境美,是需要特殊场景及现代科学技术才有可能在现实中得以实现的。从根本上来说,电视剧中

---

[1] 参见杨娜等编著《汉服归来》,中国人民大学出版社 2016 年版,第 37 页。
[2] 杨娜等编著:《汉服归来》,中国人民大学出版社 2016 年版,第 328 页。
[3] 鲍怀敏:《汉服的美学研究》,《济南纺织服装》2020 年第 4 期。

所营造的这种美学意境,多是剧组在古代画卷、文献记录等参考依据的基础上,根据自己的解读加工设计,然后通过搭建布置古典场景,运用镜头、特效、后期修图,以及其他辅助道具打造出来的荧幕效果。即便是今日,我们依然可以在汉服实践的田野中看到为了拍出"大片"的飘逸感而被置放在镜头下的风机、风扇。那么,若脱离了这些场景与技术,单独将这样象征古代农耕社会有闲阶级的宽袍大袖,或凸显非现实人物飘逸洒脱的着装置于当下充满科技感、工业感的生活场景中,显然是格格不入的,这种格格不入亦可从批评者的评论中反映出来。就衣服而言,负面评价多为"突兀""拖沓""不精神""没有质感"等感受型评价。而对着汉服的同袍的负面评价,多为"古代穿越""哗众取宠""群魔乱舞""复古倒退"等。这既是对整个汉服群体的反感及贬低,也是对汉服运动实践的排斥与否定。

诚然,影视剧往往会给人一种娱乐性较强的非正式印象,但同样也不可否认,许多汉服同袍对传统文化、中国历史,以及中国古代社会风貌的启蒙认知与兴趣都来自古装剧。因此,古装剧也可以说是汉服运动对汉服的认知启蒙。早期汉服运动对汉服意境美的建构,亦是建立在对影视作品塑造出的非现实世界意境的憧憬之上。

总体而言,早期汉服运动建构的汉服美学,其底色是印象化的、浪漫化的,具有形而上的象征意义。这种美,很大程度上是需要能与"古代""历史""民族"等语境产生情感共鸣才可得以意会,而并非直接从服装本身上实现。甚至在早期汉服运动中,汉服的美往往是绝对的、本质的,甚至是不容置疑的。因此,当初同袍对汉服美学建构的发力点往往都不在衣服本身的制作工艺这一建构服饰美学的关键要素上。此外,汉服运动长期以来一直倾向还原"传统古典美",无论是妆容、发饰,还是装饰配件,都尽可能仿照古人。

这种纯粹的"古典美"也被部分同袍认为是"汉服无法融入当代社会"的一个重要原因。

二、和服是一面镜子

如何将汉服融入现代生活，是汉服运动至今都在不断试图解决的课题。在这一探索过程中，同袍们也常常会将邻国日本的和服拿来做参考。这主要是由于一方面，和服同样来源于古代农耕社会，但在风格方面和服不仅有别于一般民族服饰"乡土""质朴"的气息，还颇具"摩登""清新""甜美"等现代都市青年所追捧的时尚感。另一方面，同袍认为和服是由汉服发展而来，同样具备汉服为外界所诟病的"行动不便""来自古代"等特点，因此试图通过和服找到发展汉服的线索。可以说，和服在汉服运动实践中宛如一面可以用来自省的镜子。

早期，同袍尝试较多的是将汉服与现代行为结合。先驱"蒹葭从风"就曾认为："传统风俗如何与现代习惯相结合，这点日本其实做得很好，比如穿着和服，同时也可以打着手机，显得非常自然、融洽。"[1]许多同袍不断通过各种方式试图证明穿汉服也可以和现代人一样生活。他们穿着褒衣大袖、仙气飘飘的汉服坐地铁、滑滑板、登山、逛街，但效果不尽如人意。许多普通群众都表示这种生硬的融合太过"出戏"，反倒加强了"穿汉服"这一行为的表演色彩。另一方面，也有不少同袍将汉服与和服的纹样与色彩设计做比较，对汉服作为一件衣服在审美上的欠缺提出批判。他们经常会在贴吧

---

[1] 杨娜等编著：《汉服归来》，中国人民大学出版社2016年版，第99页。

里开贴讨论，尤其针对"时尚感"方面。2017年左右，便开始有同袍将汉服进行时尚化设计，作为对汉服去"古风"的大胆尝试。这种风格是建立在"形制正确"的基础上进行的，有别于"汉元素"。演员徐娇也于2017年8月5日在微博上发布了一组自己设计的时尚汉服照，展示的是魏晋汉服。除了汉服形制没有变动外，徐娇穿着高跟鞋，染发烫发，并用张扬的大朵绢花作发饰，这些尝试都有别于同袍一贯的汉服着装风貌。这种尝试也遭到了一些保守同袍的批评。他们认为这组造型太过摩登，扭曲了汉文化的内涵，或是认为模仿日本、和风太重。但依然得到了一些"时尚派"的响应。不少具备时尚能力的同袍也陆续出片。从早期时尚化汉服的照片资料来看，总体上具有十分强烈的"摩登感"。造型元素一般有波点纹、撞色、染发、大红唇、墨镜、蕾丝、玛丽珍皮鞋、皮靴、现代乐器、英文、怀旧照片色调等。

基于长期以来的汉服日常化的实践探索经验以及"时尚汉服"的成功案例，越来越多的同袍开始意识到，若想将汉服和谐地融入当代社会环境，就需要使汉服美学具备对日常生活的适应性。在反思与探求的过程中，和服在日本的应用经验对传统服饰日常化的美学建构大致提供了以下几个借鉴。

（一）讲究着装的TPO

我们的生活具有多种场景，根据时间、地点、场合的不同，选择的服饰类型、风格也会有所不同。再美的服饰若穿着于不合适的场景，也会显得十分不协调。在日本，根据场景选择服饰穿搭的准则被称为"TPO"，是Time（时间）、Place（地点）、Occasion（场合）首字母的缩写。[1] 和服体系中也十分讲究 TPO，几乎每一本和服书籍都会对和服的 TPO 作详细解说，可以说是和服礼仪中十分重要的一环。在汉服实践中，不少同袍对着装的场景意识比较薄弱，加上许多同袍拥有的汉服数量比较少，因此往往会出现用同一件汉服应对各种不同类型场景的情况。在汉服场景运用的讨论中，常常可以看到对和服 TPO 的介绍与借鉴的案例。

（二）注重服饰的装饰语言

在早期汉服实践中，服饰的布料质感、纹样配色等装饰语言比较被忽视。由于早期汉服工艺的空缺，当时没有专门制作汉服的布料。同袍制作汉服通常是在布料市场"就地取材"。在对和服的借鉴过程中，不少同袍发现，和服的质感来源于其扎实的传统服饰工艺。如织物所反映出的织布纹理、光泽，染物的颜料、染色方式、手绘技艺等，都会呈现出和服不同的氛围与质感。如果使用了与场景不相应的布料质感、纹样、配色，同样会破坏服饰的美感。在和服中得到的启发，使不少同袍开始将目光转向传统织造工艺与纹样素材。除了挖掘与复原许多失传的织染绣技术外，还会直接使用云锦、宋锦、夏布等现有的传统服饰布料制作汉服。此外，和服的书籍中常常会强调日本是一个四季分明的国家，这种浓郁的四季文化也反映在和服的配色、纹样、料子、民俗场景等季节感上。这提醒了一些同袍汉族也是一个注重节气时令的民族，激发了他们在汉服文化的实践过程中融入这方面的意识。

---

[1] 参见［日］现代言語研究所編『最新カタカナ語辞典』,日本现代出版社1988年版，第785页。

(三)妆容发型的现代化

在对日本和服的借鉴中,许多同袍开始发现,虽然日本的和服在形制剪裁上保持了服饰古来的样子,但穿着服饰的人却没有相应地使用日本传统的妆容与发型,而是保持当下人们的一般风貌。笔者遇到一些不太做古典造型的同袍都表示,最初是因为看到日本人穿和服时也没有打扮得那么古典,看上去反而更自然,觉得值得借鉴。

周星曾给出建议,认为比起汉服的象征性意义而言,汉服运动应该重新审视汉服在当代国人日常生活中的一般功能性问题。[1] 当下汉服运动的确出现了一批汉服日常化风貌建构的倡导者及流派。在这样的新理念与新热潮中,同袍"相知惠"倡导下的"汉洋折衷"可以说是比较典型的实践流派之一。汉洋折衷延续了"将汉服与现代生活、时尚结合"的基本理念与探索方式。"相知惠"表示:"因为羡慕日韩服饰在 19 世纪末 20 世纪初将本土服饰与西洋小物的搭配组合,因此希望在汉服中得到实践。"本章接下来将以汉洋折衷作为代表案例,考察并解析当下汉服运动中最为典型的文化实践。

---

[1] 参见周星《本质主义的汉服言说和建构主义的文化实践——汉服运动的诉求、收获及瓶颈》,《民俗研究》2014 年第 3 期。

第二节
汉服与民俗——以汉洋折衷流派为例

一、"汉洋折衷"的提出

2019 年 3 月,同袍"相知惠"组建团队,并在微博创建"汉洋折衷 bot"账号为主要阵地,正式开启了一种叫"汉洋折衷"的实践活动。其微博主要活动方式有:1. 发布或转发同类价值观的汉服运动博文进行理念输出;2. 发布或转发有关传统民俗文化的内容,激发同袍对传统文化的深入挖掘与探索;3. 分享其他国家或民族优秀的传统文化活动或作品,抛砖引玉激发同袍有关汉洋折衷的创作灵感;4. 接收并转发同袍汉洋折衷风格的摄影投稿,陈列汉洋折衷作品。

笔者基于考察,在本书中将汉洋折衷的实践分为两类。一类为理念上的实践,即汉洋折衷实践者将自己的创意或想象通过文字、画作或影视等手法表达,并发布在汉洋折衷微博上宣传,试图让更多的同袍理解汉洋折衷理念。另一类为行为上的实践,即同袍在理解了汉洋折衷的理念后,对其提供的创意或想象进行行为上的付诸实践,最后通常会以投稿照片或视频的形式反馈在汉洋折衷微博上。

由于汉洋折衷说借鉴了和服"和洋折衷"的传承思路,因此有必要在此简单介绍一下和洋折衷这个概念。和洋折衷是指日式风格与洋式风格适度地调和搭配。[1] 常被用于形容近代日本具有西洋风

---

[1] 参见[日]新村出编『広辞苑』,岩波書店 2018 年版(第七版),第 3173 页。

情的建筑、庭院、音乐等事物。有关和服的"和洋折衷"方式大致有六种类型,"相知惠"倡导的汉洋折衷借鉴了其中三种。

第一种是指明治末期至昭和初期（二战结束前）伴随着日本社会西方式近代化及受西方文化艺术影响下形成的和服风格,其中以"大正浪漫"为代表。旅日比利时学者萨斯基亚·托勒恩（Saskia Thoelen）将这种和服的与时俱进称为"同时代化",以日本著名百货商店"三越百货"为案例,阐述了当时作为和服老店铺的"三越"在转型为西式百货商店后积极吸取西洋时尚,以"和洋折衷"为宣传标语推出新风尚的和服。[1] 这种"和洋折衷"和服的具体表现形式大致有以下几个方面。染色方面,伴随西洋化学染色技术及人文风情诞生的新"和色",如"新桥色""炼瓦色"等开始被使用在和服染色上,这些如今都被认为是典型的"日本传统色"[2]。此外,明治二十年（1887）左右诞生的"曙染""朦染"等晕染效果,亦是运用了化学染料的技法。[3] 纹样方面,受新艺术运动影响,开始使用粗线条、大单位植物等夸张的纹样表现,受巴黎装饰艺术影响,在牡丹、梅等传统纹样的基础上,又丰富了蔷薇、百合、郁金香等西洋纹样。[4] 穿搭方面,在和装的基础上搭配西洋礼帽、手杖、洋伞、

---

[1] 参见 [比] サスキア・トゥーレン『三越の言説による着物の〈同時代化〉とアール・ヌーヴォーの影響―和
洋折衷のファッション・アイテムへ―』,日本『服飾美学会誌』2018 年第 64 期。
[2] "日本传统色"又叫"和色",是基于日本文化特有的色彩感觉和传统,能触发日本人感性的颜色。1978 年,DIC 图像有限公司以灵活运用日本传统色彩为目的,出版了《DIC 色彩指南》系列的"日本传统色"及色卡。参见 [日] 山田纯也等《配色大原则》,郝皓译,江苏凤凰科学技术出版社 2018 年版,第 142 页。
[3] 参见 [日] 增田美子编『日本服飾史』,東京堂 2010 年版,第 155 页。
[4] 参见 [日] 增田美子编『日本服飾史』,東京堂 2010 年版,第 166 页。

披肩、手提包、口金包等。[1] 发型方面，"英国卷""夜会卷"等西洋式盘发这类新样式在女性中开始流行。[2] 到了大正时期，烫发技术被引进，"遮耳发"（耳隐し）成为和洋兼用的发型[3]，如今也被认为是极具代表性的大正浪漫发型。化妆方面，从欧美舶来的粉饼、口红、腮红等现代化妆品也改变了当时日本女性的妆容风貌。[4] 该时期的和洋折衷奠定了当代和服风格的底色，当时传承下来的和服也被当代称为"古董和服"。

第二种是二战结束后，日本着装全面西化背景下作为民族服饰的和服风格，即我们现在所普遍认知的和装风貌。当代和服在实践方式上，一方面继承了古董和服舶来的要素，另一方面，比起古董和服大胆鲜明的设计风格，当代和服更符合当代日本人细腻协调的审美偏好，注重纹样繁简平衡、用色和谐等设计理念[5]，妆容与发型上继续与当代相应的正装、礼服风貌基本保持同步。这里需说明的是，虽然这种作为民族传统的和服文化基本延续了二战前和洋折衷的底色，但此处"洋"的成分早已被消化为传统和服文化的一部分，因此一般不被视作"和洋折衷"的产物。笔者将其列入本书，主要是相对于明治时代以前纯粹的古典式日本风貌而言。

---

[1] 参见［日］増田美子编『日本服飾史』，東京堂 2010 年版，第 147 页。
[2] 参见［日］河村長観著，福谷伸（写真イラスト），京都美容文化クラブ、松木弘吉编:『日本の髪型—伝統の美—櫛まつり作品集』，京都美容文化クラブ 2000 年版，第 167 页。
[3] 参见［日］増田美子编『日本服飾史』，東京堂 2010 年版，第 163 页。
[4] 参见［日］増田美子编『日本服飾史』，東京堂 2010 年版，第 163 页。
[5] 参见［日］大野らふ『振袖＆袴の大正ロマン着物帖—アンティーク着物で私らしく装う』，日本河出書房新社 2014 年版，第 82 页；［日］吉川ひろこ『きものへの道』（改訂版），日本株式会社山本 1979 年版，第 148 页。

第三种是在和服主体型不变的基础上点缀现代元素、搭配现代小物。如采用动漫纹样，搭配贝雷帽、雪糕鞋，用卡通胸章做装饰等。妆容、发型上更显休闲、个性。

此外，像基于日本明治时期的"衣服改良运动"与大正时期的"服装改善运动"针对和服不卫生、不科学、不便捷等缺陷而设计出的更加功能性的改良和服[1]（类似于汉元素）、将和服的部件与现代元素结合的穿搭（如和服的上衣与现代长裙搭配）、将和服进行改良再混搭的"和服裙"（如洛丽塔风和服裙）等，也被称为"和洋折衷"，但不是汉洋折衷借鉴的对象。因为这些在日本不被视为"传统"，在使用上有别于作为"民族服饰"的和服。

二、汉洋折衷的主要实践群体

据笔者考察，汉洋折衷流派的构成人员主要来自"明制党""传服圈"和"明朝爱好者"。"明制党"和"传服圈"在前章节已介绍过，因此本节重点对"明朝爱好者"进行陈述。

"明朝爱好者"是当代中国互联网中比较活跃的历史、军事类网络群体，但在学术上并没有对该群体做出过探讨，也没有明确的学术定义。根据发布在网络知名媒体"X博士"的文章《网络世界里，明朝爱好者正在重建大明》介绍，广义的"明朝爱好者"可以是"明朝皇帝爱好者""明朝军械爱好者"，也可以是明朝背景影视剧的

---

[1] 参见［日］夫馬嘉代子『衣服改良運動と服装改善運動』，日本家政教育社2007年版，第7—28页。

爱好者，还可以是上述的"明朝服饰爱好者"等。而狭义的"明朝爱好者"，则特指一群对明朝有着过度狂热情感的网友，如在互联网上大肆宣传明朝的正面事迹，为心中的虚构"大明帝国"设计旗帜创作歌曲等等。[1]"明朝爱好者"又被称为"明粉""明矾"，是"明朝粉丝"的简称与谐音。这种简称带有粉丝文化性质，强调该群体的"明朝意识"，也更凸显出他们之间的身份认同。"明矾"最早是讲述明代历史的著作《明朝那些事儿》及其作者"当年明月"的粉丝的自称，也可以说是第一代"明朝粉丝"。当下中国网络上也不乏其他"朝代粉"。网络上也有"强汉盛唐富宋刚明"的说法，都是基于网友们对每个朝代的美好印象。但"明朝粉丝"群体尤其活跃突出，除了《明朝那些事儿》的风靡外，另一个主要原因可能是明朝更具有汉民族意识上的象征意义：一方面，明朝是中国最后一个汉人王朝，原本就比较容易成为汉民族意识较强者的情感寄托。另一方面，虽然对于明朝灭亡的实质原因在史学界有许多不同的看法，但"明亡于清"无疑是认可度比较高的观点之一。清朝末年一般又被认为是中国百年屈辱史的开端，也就更容易出现将近代中国落后的原因全盘归结给清朝政府的观点，升华对明朝的追思之情。在早年汉服运动以汉服吧为阵地的时代，驻扎在明朝吧、崇祯吧等贴吧的明朝爱好者就常会去汉服吧"串门儿"，参与汉服运动的讨论。

---

[1] 参见越霆《网络世界里，明朝爱好者正在重建大明》，2021年1月6日，"X博士"微信公众号（https://mp.weixin.qq.com/s/CZ_EbkcKBGOI4NnZ6WsmCw）。

三、汉洋折衷的实践方式

(一) 强调"汉服"及其相关文化的主体性

虽然汉洋折衷在近几年的汉服运动中热度颇高,但同袍对其理解也常常会出现歧义,误以为"相知惠"倡导的汉洋折衷也借鉴了上述非传统式的和洋折衷类型,甚至直接将其视为"二次元"的衍生文化。对这样的"折衷"尽管有许多表示赞同的声音,但也有不少同袍表示担忧,认为这破坏了汉服的完整性。另一方面,虽然当下汉服运动已然呈现出多元化景象,对外来文化的包容度也十分高,但在整个大环境中,"洋"依然是一个比较敏感的字眼,也很容易被部分保守的同袍认为充满了"媚外""丧失自我"的色彩,担忧汉洋折衷最终会使汉服西化,失去传统文化的意义。但作为以传服人"相知惠"为核心的汉洋折衷流派,在微博账号投稿的筛选中,对形制的审核十分严格,必须是以"主体为传统服饰"为前提。除了服饰搭配外,汉服相关文化的汉洋元素混搭亦是坚守"汉本位"。"相知惠"解释说:"我们做的是传统原型和当代新设定。'汉洋折衷'寓意为'传统服饰与新风貌、新精神','传统为体,洋物为用'是我们的时尚搭配理念,所以挖掘更多的传统文化作为'文化本体'恰恰是我们最主要的工作。"

将汉服与"洋节"结合是汉洋折衷较早且较为代表性的实践,是其中十分典型的理念作品之一。图 3-1 画作中,中国神话里的南极仙翁身穿大袖汉服长袍与交领半袖汉服外衣扮起了圣诞老人。服装搭配使用了红配绿,给整张作品铺上了圣诞气氛的底色。此外,在细节上也有许多值得细品之处。首服选用了红色白绒边圣诞帽,左耳上方簪插圣诞绿叶浆果。这一头部装饰灵感来源于中国古代男

图 3-1 穿"圣诞风"服饰的南极仙翁
（同袍"应槐山人"供图）

图 3-2 汉服少女与欧式元素
（同袍"银银子_Shirley"供图）

子簪花的习俗。男子簪花也是中国古代服饰文化的传统习俗之一，出现时间大约在唐代，经宋代最为鼎盛，成为社会生活中一种非常自然的行为，直至明代逐渐减弱。[1] 在中国神仙画的表达中，南极仙翁有一手拄杖一手捧桃的形象。中国民间习俗通常会在桃体印上"寿"字，作"寿桃"，而此处作者将"寿"置换成"圣"字，可以说是对"寿桃"元素的挪用。手杖是南极仙翁的坐骑梅花鹿、南极仙翁的手杖与圣诞老人的麋鹿三种元素的合体，加以浆果、铃铛以及红配绿色等圣诞元素点缀。腰带装饰的蓝本是广东省博物馆所藏文物"透雕松竹鹿玉带板"。

此外，万圣节之际，"相知惠"还通过模仿明清文学小说片段的文本在汉洋折衷微博上提供了一个用在万圣节汉服上的创作思路：

---

[1] 参见赵连赏《明代男子簪花习俗考》，《社会科学战线》2016 年第 9 期。

第三章 汉服民俗应用的建构实践 | 109

雨堂哥哥这身也不算错啦。你们别笑话他。今日是万圣节前夜，蜘蛛怎么不可以。糖果、蜘蛛、蝙蝠、蔷薇、十字、百鬼、骷髅、南瓜、童子，俱是极好的应景纹样。

不知什么时候，那相知惠妹子忽然出现在他们桌旁杵着。然后又继续说道："……这时节有些冷了，毕竟按我国历书也要准备过冬了，换上缎子才是极好的。"

同时，"相知惠"对文字中的元素及语境进行了注解，如：蜘蛛是七夕的应景元素，同样可以用在万圣节，"喜蛛"有"心灵手巧"的寓意；"蝙蝠"本身在中国有"福"的象征，同时也是万圣节常用元素；"百鬼/童子"出自童子索糖、百鬼夜行、泰西风俗，可以参考麒麟童子、绵羊引子、园林仕女、五福捧寿纹进行改编；故事设定在京师，按照《酌中志》十月初四开始换缎子，文中"缎子"表示较为厚的衣物的设定，也暗合（京师）时令。

（二）"洋"既包括"西洋风情"的事物，也包括"非本土起源但已成为现代或日常"的事物

从许多推送号的文章及汉服网友对汉洋折衷的讨论和介绍中可以发现，同袍们一般所理解的"汉洋折衷"，即将汉服与西洋礼帽、高跟鞋、蕾丝手套、草帽、田园竹筐、洋伞、口金包等近代欧洲元素的小物进行搭配，通过舞会、茶会、郊游等形式，在复古欧式建筑、欧式花园等场景中进行实践，场景元素多为英式下午茶茶具、甜点、玫瑰、蔷薇、月季等。（图3-2）这种极具西洋风情的汉洋折衷可以说风靡了小半个汉服圈，不仅成为同袍在网络秀图的一大亮点，笔者在汉服运动的线下实践活动中亦看到不少这样装扮的同袍。这可

谓汉洋折衷流派的经典风格，连"相知惠"自己也总戏称这是汉洋折衷的"传统艺能"。然而，亦或许是太过经典，"汉洋折衷 = 汉服 + 欧洲宫廷风"也似乎成为一种比较普遍的印象，甚至有人直接将汉洋折衷视为"宫廷贵妇""留洋小姐"之类的角色扮演。因此有许多批评者认为，汉服的确需要现代化，但并不等同于将其西洋化。对此，"相知惠"也表示无奈："这已经成为大家对汉洋折衷的刻板印象了，但其实我们也在推荐别的内容。"

这样的片面理解，在笔者看来主要原因还是在于对"洋"字的使用。比如在日本，"洋"仅仅是相对于"本土"的一个用法，既包括"西方古典"，同时也包括那些具备现代性的西方起源事物。例如在日语中，"洋服"是指现在人们普遍穿着的衣服，相对于本土的"和服"；"洋式厕所"即是指"马桶式厕所"，是相对于本土式的"蹲厕"；"洋室"是指地板式房间，相对于"榻榻米"；等等。而在中国，"洋"字的使用往往带有清末受到西方文化冲击的历史语境，带"洋"字的事物，在情感上会凸显出其"外来"色彩，甚至有时会具备一些侵入性。如被强调为"洋节"的圣诞节、万圣节，在许多情况下是会容易遭到民众心理排斥的。而那些已经被融入日常生活中的非本土事物的"西洋"属性则被"现代性"称谓取代，如上述日本所称的"洋服"在中国一般被称为"现代装""时装"。而"洋服"则更容易使人联想到欧洲哥特、洛可可等古典风格的服饰。这种用法上的差异导致汉洋折衷在汉服运动中被片面理解可以说是不可避免的。不少同袍也表示自己对汉洋折衷的理念是认可的，但对这个称呼很排斥亦很难认同。

从汉洋折衷的微博投稿上来看，其风格搭配确实是十分多样的。乐福鞋、玛丽珍皮鞋、贝雷帽、波点裙、丝巾、卡通娃娃、框架眼镜、

图 3-3 都市风的汉服少女
（同袍"素乐"供图）

糖葫芦辫、双马尾辫等，都是在汉洋折衷中常见的装扮元素，亦是当代汉服运动十分推崇的现代日常汉服风格。（图 3-3）

此外，通过服饰的纹样设计反映社会主义新中国风貌亦是发起人"相知惠"所积极尝试的。如图 3-4 的纹样设计，体现的是"嫦娥 5 号"月球探测仪。中国人对"月"及"宇宙"的想象与探知欲从"嫦娥奔月""玉兔捣药"等古老的中国传说神话即可窥见。"嫦娥 5 号"的发射，既是新中国科技领域的功绩，也牵系着中国人数千年来的"奔月之梦"。该设计以深蓝色作为基调，用云纹作暗纹，似乎象征着

图 3-4 "嫦娥 5 号"元素的汉服设计
（同袍"凤翎城主"供图）

宇宙与夜空的深邃。裙襕处主体纹样是比较明了的火箭造型，副纹样用太阳、半月、星象图等宇宙元素作点缀。作品整体风貌是比较典型的用于织金暗纹马面裙的布料设计。

（三）以明代服饰为实践蓝本

历史上一般认为，中西方文化的深度交往发生在 19 世纪中后期，与西洋风情结合的近代中国服装风貌多以旗袍、马褂等"满族形象"

为主。这也是许多明朝爱好者或汉民族意识较强者为之遗憾的事——这些本该以汉服形象发生的场景，却因清朝政府"剃发易服"政策而未能发生。在此理念的引导下，汉洋折衷中亦不乏对这样的"明末世界"进行想象，弥补汉服由古转今过程中缺失的 19 世纪末 20 世纪前叶的东亚人文色彩。同袍"狐周周"以崇祯皇帝为主角绘制了 9 张汉洋折衷系列画作。该系列最早发布于 2019 年 5 月，是比较早的汉洋折衷理念传播的实践之一。"狐周周"为《明朝那些事儿：漫画版》作者兼百度"崇祯吧"的创始人及现任吧主，在明朝爱好者中具有较强的影响力，因此该系列画作对汉洋折衷也起到了一定的宣传推广作用。

"汽车"（图 3-5）为该系列的主题之一，描绘的是崇祯皇帝出行的场景。画作中崇祯皇帝穿着圆领袍汉服，头戴乌色冠帽，是传统的部分，围巾与皮手套的配饰是西洋部分。文案中作者写道："自从有了小汽车，出行效率大大提高啦。"现代意义上的汽车诞生于 19 世纪欧洲，距离明朝末年相差了近两个世纪。汽车可以说是人类社会步入工业化时代的典型象征之一，更是当代人日常出行不可或缺的交通工具。该画作的想象中，穿着汉服的明朝皇帝享受到了近现代科技带来的便

图 3-5 崇祯皇帝"汉洋折衷"系列之"汽车"
（同袍"狐周周"供图）

利,也给汉服以及汉服形象塑造了一个融入近现代工业场景契机的时代背景。

除了明末世界,汉洋折衷中也有对民国时代汉服的想象,为汉服赋予中国近代的人文色彩。结合历史上民国的时代背景,汉洋折衷实践者所创作的"民国汉服"照片或影视故事通常与"战乱动荡""保家卫国""通商""留洋"等主题有关,且颇有民国旧上海风情。影视作品还会使用民国流行歌曲来渲染情境。民国流行歌曲生成于动荡的旧上海,外国音乐与中国民族民间音乐相结合的"混合型"旋律是其特点之一。[1] 这也确实很符合汉洋折衷的气质。民国流行歌曲可以为汉洋折衷的影视作品打下民国大上海慵懒的西式风尘基调与动荡时期靡靡之音中暗藏亡国危机的基调,十分有代入感。"民国汉服"的特色,女装大部分采用明末竖领长衫,风格偏向于汉洋折衷经典的"欧式复古风",男装则多为明制道袍等长衫,搭配西洋帽、学生帽、皮鞋、围巾、复古眼镜等。此外,如出镜人物为两人以上,也会有中西式服饰同框的画面。如女性着汉服,男性着西装。着装元素通常有民国上海街景、民国舞厅、留声机、落地式麦克风、老式皮箱、老式汽车、火车、欧式茶具、复古灯具等。不难看出,这些服饰元素的搭配非常呼应民国时期穿旗袍的高贵太太或优雅小姐,以及着长衫的文人书生或进步青年的服装民俗风貌。

(四)对于民俗世界的想象与重构

虽然汉洋折衷里对历史想象的部分可以说在整个汉服运动中比

---

[1] 参见伍春明《民国上海流行歌曲的文化成因及美学特征》,《人民音乐》2011年第3期。

图 3-6 汉服的都市民俗景象
（汉服团队"粤s大明搵食队"供图）

较独特，但其大部分内容依然还是以回归当下为主，注重汉服实践的"生活"语境，思考并尝试当代人应该如何穿汉服"过日子"。作为汉洋折衷的发起人，"相知惠"的夙愿也并非仅仅只是倡导一种服饰的风格，而是更加希望可以通过结合这种汉服风格勾勒出一个围绕服饰生活展开的汉族民俗新世界图景。图 3-6 是汉服团体"粤s大明搵食队"在汉洋折衷微博号上的投稿。图中六位穿明制汉服的女子在河边的树荫下围着石桌坐在石凳上纳凉。石桌上摆放着荔枝、杏子的果盘以及消暑用的折扇，她们有的穿着无袖褙子、合领衫搭配主腰，有的穿着竖领半袖短衫裙，也有的穿着透纱竖领长衫裙，手里拿着芭蕉扇，看起来十分凉快。场景中她们正在品尝西瓜，满满的夏日气息隔着照片扑面而来，姿势与表情都十分随性放松，传达着一幅"如果汉服没有断代，汉族都市女性们在闲暇之时会这样小聚"的生活画面。

图 3-7 中秋应景食物的介绍及古籍出处
（汉洋折衷发起人"相知惠"、美食视频自媒体"古人食"供图）

访谈期间，"相知惠"多次向笔者表示，其认为的汉服民俗的建构，不应该是仅关注"衣服"本身，而应该是包含了"衣食住行"的一个民俗整体。图 3-7 为汉洋折衷微博号上发布的关于"衣冠岁时记"的博文。"相知惠"以图片+古籍时令记载的形式分享了中秋应景的食物，其中有：玩月羹（《清异录》）、天香汤（《遵生八笺》）、藕粉桂花糖糕（《红楼梦》）、月饼、螃蟹（《山家清供》）。

这些看似与汉服不相干的饮食素材，在汉洋折衷的理念中却是与汉服紧密相连的，被认为是将汉服渗透进民俗与生活的重要实践方式之一。"毕竟吃和服饰一样，也是时令和传统服饰的重要组成部分啊","相知惠"说。在分享食品的同时借古籍元素进行文学性点缀,并通过精美的图片传达,这种文化包装也使原本十分常识性的时令饮食多了些雅致与趣味。

第三节
从汉洋折衷看汉服民俗应用中的民俗主义

一、文化素材的重组、置换及混搭

素材的重组、置换及混搭可以说是所有文化融合的共通手段，也是汉洋折衷实践理念的基本思路。民俗主义在现代社会常态化的表现为"很多貌似传统的事象，也不再具备其原有的意义和功能，而是和现代社会的科技生活彼此渗透，在现代社会的日常生活中重新被赋予新的位置，获得了新的功能和意义"[1]。尽管以"相知惠"为核心的汉洋折衷十分注重对"过去"文化的挖掘，但依然会将其作为民俗的原材料进行文化的二次创作，最终应用在当代社会。无论多么"纯粹"的文化素材也都不为"过去"所用，不再具备"过去"的功能及意义，汉洋折衷实践在此过程中产生的民俗主义现象亦十分清晰。具体有三个方面。

（一）重编历史、虚构过去

以晚明之后的文化历史为素材对其进行挪用、重组、再编，为自己的民俗世界想象建构出一个新的文化历史背景，这是汉洋折衷理念的根基。虽然汉洋折衷是"相知惠"一人发起，但实践中展现出的全貌却是由诸多响应者的各种零碎案例林林总总组合拼接而成。

---

[1] 周星、王霄冰主编：《现代民俗学的视野与方向：民俗主义·本真性·公共民俗学·日常生活（全2册）》，商务印书馆2018年版，第2页。

即便如此，笔者依然可以从上述各案例中依稀拼凑出一个"汉洋折衷世界"中大致的虚拟的历史时间线：

1．明朝政府最终延续到了 20 世纪初，明代服装完好地传承了下来，并与日韩等亚洲国家相同，在与西方国家交流的影响下发生了元素混搭与融合。

2．明朝在 20 世纪初灭亡，中国转为西式近代化国家，现代都市生活方式开始逐步形成。此时西方服饰体系开始由上流阶级渗入百姓生活中，服装风貌中西参半。

3．新中国成立，中国成为社会主义现代化国家，西方现代服饰体系全面常态化。汉服作为民族服饰亦随新时代风貌同时代化。

当然，并非所有汉洋折衷实践者都会进行虚构历史的想象，但汉洋折衷большей只实践明制汉服，然而再生产出的风格却十分多元丰富，因此，虚构历史从某种意义上讲能够为各种不同风格的明制汉服搭建起可以与之对应的"时代依据"。这种空想世界是运用一些历史素材进行挪用与拼接，具有戏剧性，意在表达意象及理念，而非追求历史情节的自洽。如崇祯系列汉洋折衷画作，有个别网友提出质疑，表示崇祯皇帝与图中展现的西洋元素在时空上跨度是否太大。对此，作者回应表示这一系列大概是 20 世纪 20 年代的风物还有一些混搭，不是直接嫁接到 17 世纪，洋物也没有特定的历史时期。但这毫不影响该系列在汉洋折衷兴起初期获得不少好评，许多同袍对该作品进行转发，以及留言"惊艳""感动"，或是对历史表示惋惜。

(二)文化混搭

文化混搭可以说是汉洋折衷民俗主义最浅显的部分,尤其在衣服与鞋、包等小物搭配,以及配合妆容、发型方面的搭配最为直观,亦是对和洋折衷借鉴的最主要的部分。除了"汉"与"洋"的混搭外,明制汉服其本身的运用也存在着初明／中明／晚明等跨时代着装、性别、阶级等身份着装交错混搭的现象。此外,在细节部分,如纹样方面,我们也能看到传统素材与西洋的、现代的、革命的、科技的等多样文化的组合。通过古今中外的服饰素材混搭,汉洋折衷即可塑造出"清纯少女""有闲小资""社会主义青年"等多元化的人物风格。某种意义上,亦可以说是思想与趣味上的混搭。从文物及史料中被挖掘出来的明代服饰文化早已脱离了明代社会语境,被汉洋折衷的实践者放置到当下社会,应用到符合现代人审美及需求的文脉中为己所用。在满足实践者多样的自我表达的同时,也被放置到网络社交群展示、交流、碰撞,再生产出新的花样。

(三)文化元素的置换

民俗主义指的是在一个与其原初语境相异的语境中使用民俗[1],并且在民俗主义现象中,所谓"第一手和第二手的传统常常相互交织"[2]。据笔者的考察和理解,汉洋折衷文化元素的置换大

---

[1] 参见[德]赫尔曼·鲍辛格《民俗主义》,王霄冰译自《童话百科全书》第四集,载周星、王霄冰主编《现代民俗学的视野与方向:民俗主义·本真性·公共民俗学·日常生活(全2册)》,商务印书馆2018年版,第112页。
[2] [德]赫尔曼·鲍辛格:《关于民俗主义批评的批评》,简涛译,载周星、王霄冰主编《现代民俗学的视野与方向:民俗主义·本真性·公共民俗学·日常生活(全2册)》,商务印书馆2018年版,第99页。

多体现在同一事物在不同语境或文化背景下的寓意转换。如上述案例中的"蜘蛛""蝙蝠""鹿"等，在一般的自然语境下，它们都不具备文化意义，而是独立的生物个体。但若将它们放置在特定的文化背景中去解读，则会产生人为的文化意境。在汉洋折衷的实践中，很多类似的文化元素，它们既是"传统"也是"洋物"，充当着连接东方本体与异国或现代语境的媒介作用，帮助"折衷汉服"成为一个协调的民俗文化混合物。

周星在过去的汉服研究中认为，汉服运动的部分同袍，和现代中国社会中颇为常见的另一些喜欢外来文化和西式生活（以红酒、咖啡、西点为物质方面的标配）的青年小资群体是截然不同的取向。[1] 早年的汉服运动，复兴传统节日是一项重头环节，重拾被遗忘的传统节日，重塑与之相关的过节礼仪、仪式，多少与都市青年流行"过洋节"的景象产生了对抗性。但随着时间推移，同袍们的取向也在发生变化，现在的许多同袍对"过洋节"可以说是十分积极的，并且有着本土化意识的表达，洋节为传扬传统文化创造了极佳的时空氛围。近年来，每每一到万圣节、圣诞节期间，网络上都会有这样的热议，认为应该对这些"洋文化"创造出属于本土的话语。有网友仿照谚语形式创造了如"圣诞饺子不蘸醋，圣诞老人打驯鹿""圣诞不喝饺子汤，铃儿也难响叮当"等"圣诞谚语"。所谓民俗主义就是民俗事象并非永远地保持原有的功能和意义，它总是在新的状况下获得新的功能和意义而展开。[2] 同袍将东方古代文化与看似和

---

[1] 参见周星《百年衣装——中式服装的谱系与汉服运动》，商务印书馆2019年版，第277页。
[2] 参见[日]河野眞『民俗学にとって観光とは何か—フォークロリズム概念の射程を探る—』，日本『文明21』2006年第16期。

它格格不入的西方文化、现代时尚在元素之间相互置换，切换自如，可以理解为是包容、多样、不拘泥于一种形式的生活方式在当代中国青年中已逐步成为常态。

二、文化包装

文化商品、市民社会、消费主义、大众文化等日益形成的全新的民俗文化事象群，它们不再只是民众日常生活于其中并为人们提供人生意义的民俗，也直接就是人们消费之物和鉴赏之物。[1] 笔者将这种民俗主义现象理解为一种"文化包装"。用当下比较时髦的话来说，就是给文化加上一层"滤镜"。

通过明清文学的表现形式传达民俗理念，是汉洋折衷比较惯用的文化包装方式。文学、文艺是研究民俗的重要资料，文学作品中常常可以见到其中对某种风土人情或民风民俗的描绘。[2] 鲍辛格也指出，精英文学与艺术中对民俗的再语境化是十分典型的民俗主义之一。汉洋折衷的实践者将自我想象的民俗世界、民间风俗融入古典式文学创作中，通过文学包装呈现汉服民俗在现代都市中浪漫的阳春白雪。

此外，通过转发投稿的汉洋折衷图片来建构并传达理想的汉服民俗世界，也是汉洋折衷流派传播理念的常规方式。"人们总是从

---

[1] 参见周星、王霄冰主编《现代民俗学的视野与方向：民俗主义·本真性·公共民俗学·日常生活（全2册）》，商务印书馆2018年版，第2页。
[2] 参见张静《浅谈文学作品中的民俗现象》，《苏州市职业大学学报》2003年第4期。

影像中寻找一种文化意义或社会建构模式,以图在影像'秀'出来的世界中,发现前所未有的世界。"[1] 在日常杂谈中,"相知惠"经常会对笔者强调汉洋折衷是"人间烟火气",并常以图3-6为具体案例进行赞美。"烟火气"是借以烧饭时升起的袅袅炊烟来形容街巷中平凡的、接地气的、充满人情味的民众过日子的景象。在汉洋折衷微博号中的确能看到许多"烟火气"的"生活"景象,所有在汉洋折衷社区的群体们都穿着汉服过着各自精致的、有趣的"小日子",宛如一部生动的"汉服民俗志"。"烟火气"这种对民间最为世俗的生活气息的描写,随着近几年《舌尖上的中国》《四个春天》《人生一串》《早餐中国》等地方类/美食类纪录片的热播被美化,市井世俗生活成为一种浪漫的都市民俗景象。对此,美食纪录片《早餐中国》总导演王圣志讲述说:"'烟火气',很多时候,它都伴随着生活的辛苦无奈……千万别把我们拍摄出来的早餐诗意化,浪漫化。"[2] 可以说,"浪漫的烟火气"很多时候正是文化包装的产物。笔者在考察中也发现,汉洋折衷的"烟火气"基本仅得以于网络上展现,线下其实很难找到如此"过日子"的景象。汉洋折衷建构的"民俗世界"以及该世界中的一系列民俗活动,目前只能说是依靠民俗素材通过网络空间建构起来的虚拟世界的"网络民俗"。不过,"相较于血缘、地缘、业缘这些传统的共同体而言,汉服趣缘共同体是较为新颖的共同体形式"[3],并且"随着移

---

[1] 韩丛耀:《图像:一种后符号学的再发现》,南京大学出版社2008年版,第273页。
[2] 赖祐萱:《〈早餐中国〉结束了,不要去打卡,也不要美化烟火气》,2020年3月21日,"人物"微信公众号(https://mp.weixin.qq.com/s/4EkmJ3jvrNAzj_eZBLQquw)。
[3] 刘佳静:《新媒体语境下汉服趣缘共同体的建构——以"福建汉服天下"为例》,《新闻爱好者》2016年第5期。

动互联网和物联网时代的来临，过去的'虚拟社会''虚拟民族志'等概念也将越来越'实体化'，从而被'网络社会''网络民族志'等话语方式所替代"[1]。

"浪漫主义"是民俗学中比较常见的关键词之一，或包含了民族主义的成分[2]，或存在过度礼赞传统、耽溺乡愁，以及在抢救、保护和传承等话语表象之中将乡愁审美化的倾向[3]，或是指"用艺术的眼光和思维去想象和创造日常生活，把艺术直接融入社会生活的实践当中"[4]。笔者倾向于将汉洋折衷的"浪漫主义"理解为后者，是一群善于将传统素材包装成时尚符号的现代青年对都市民俗的浪漫主义畅想与艺术性的生活实践。

与早期汉服运动相比可以发现，当下的同袍更懂得如何改造、包装、营销文化，以及理解这种文化建构及传播的重要性。尤其是对学者使用"建构"这样的评价，当下许多同袍不仅不会避讳，甚至会十分明确地认为传统在当代若要传承下去，本身就必须不断建构。一位传服人受访者也曾向笔者表示："大家认为的传统其实都是农村的民俗，对我来说是反感的，而且年轻人受不了原汁原味的土俗，这些乡土气息的文化迟早全部衰落，所以传统文化一定要改造。"这也就意味着，娴熟地掌握建构文化的技巧，对当下许多同

---

[1] 唐魁玉、邵力：《微信民族志、微生活及其生活史意义——兼论微社会人类研究应处理好的几个关系》，《社会学评论》2017年第2期。
[2] 参见户晓辉《重识民俗学的浪漫主义传统——答刘宗迪和王杰文两位教授》，《民族艺术》2016年第5期。
[3] 参见周星《生活革命、乡愁与中国民俗学》，《民间文化论坛》2017年第2期。
[4] 王霄冰：《浪漫主义与德国民俗学》，《广西民族大学学报（哲学社会科学版）》2015年第5期。

袍而言显得十分重要。如从一些日常汉服穿搭的汉服作品来看其实不难发现，汉服运动中所谓的这些"日常"实际上也并非都是真正意义上的"过日子"，而是借助精美道具、化妆、摄像／摄影、美颜滤镜／后期特效等技术处理后传达自己过着"精致生活"的艺术表达。这种实践模式十分符合当下青年的审美需求，也是当下青年在日常中建构及表达"美"的常态现象。因此即使他们在镜头前展现的不是汉服，也会是其他精致美丽的衣服，并且对形象处理的手法不会有很大变化。此语境中的"汉服"，也已不再是古代作为具有生存性与生产性的生活必需物资，而是一种超越温饱需求的精神性消费品。如以"蝈蝈"为代表的同袍就能通过娴熟的拍摄、剪辑技术将自己所理解的汉服之美淋漓尽致地向网友展现，并且可以自己执笔设计纹样、亲自染布，将自己对汉服美学的想法变成实物。而与之相反，也有数位同袍在访谈中对笔者表示，因为自己不会绘画设计导致有许多的想法都无法直观表达出来，恨不得马上就能够获得设计的技能。可见对于当代的汉服青年来讲，想要"玩"好汉服，在汉服以外的领域也最好能有一技之长。当代汉服运动的文化实践将古代文化素材再编、重演、展示，以全新的意义重新融入日常生活的文化实践，无疑是十分典型的民俗主义。

第四章 商业语境中的汉服运动

第一节
汉服运动商业化的形成

前两章中所言及的各种汉服运动实践皆是汉服运动内部的活动,亦是汉服运动发展的内部动力。此外,作为汉服运动发展的外部推力,商业资本的介入可以说将汉服运动推向了高潮。

汉服运动最早萌生于对汉族人形象的建构及汉民族身份认同,因此在早期汉服运动中,汉服纯粹作为一种精神与情怀,商品属性并不清晰,甚至于汉服商业化是被排斥的。这不仅是因为当时汉服商家少,也是因为在同袍看来,汉服的意义不仅仅是一件御寒裹体的衣服或是追求美丽的装饰,它更是华夏文化的重要载体之一,体现了汉民族柔美安静、娴雅超脱、处事不惊的民族性格,汉服传承继承的不单单是汉服本身,更是它身上所携带的文化内涵。[1] 此外,初期汉服运动多少带有儒家不鼓励经商的意味[2],有意将汉服与商品隔离。例如初期在百度汉服贴吧有网友发布汉服交易或商品宣传,就容易遭受讨伐,汉服贴吧也一度禁止汉服商家打广告,这使得汉服商家另辟蹊径,创建了"汉服商家吧"。

初期的汉服同袍,尤其是活跃于 2002 至 2003 年左右的同袍,

---

[1] 参见苏静《刍议汉服复兴》,《文化学刊》2016 年第 2 期。
[2] 参见杨娜等编著《汉服归来》,中国人民大学出版社 2016 年版,第 49 页。

几乎都是自制汉服。杨娜在《汉服归来》中列举了几位自制汉服的典型人物[1]：

王育良：网名"青松白雪"，来自澳大利亚的华裔，参与汉服运动时19岁。在2001年APEC会议的唐装及2002年韩日世界杯足球赛中的和服、韩服的刺激下产生了"汉服"意识，并萌生了复原汉服并让汉服再次回归的念头。王育良参照比较典型的样式，推测猜想"瞎做了"第一件汉服，并于2003年7月21日在"汉网"上公开，为汉服的制作、网络公开写下了新篇章。

李光伟：网名"信而好古"，汉网论坛汉服版第一任版主，自幼喜欢传统文化，认为儒学是一种信仰，2003年产生复原汉服的想法。与王育良的"瞎做"不同，李光伟是以文献《乡党图考》中关于深衣的图片、文字为依据，在没有剪裁图的情况下根据古书中的记载自己摸索、剪裁、制作出第一件深衣。此外，李光伟于2003年7月24日在汉网发布了根据自己自制深衣的经验整理出的剪裁图帖子《深衣制作过程》，意在为后人制作汉服提供便捷。

刘荷花：网名"汉流莲"，2003年认识汉服并逐步将汉服引入家庭和家族之中，也是深圳汉服运动的主要活动者，积极推动深圳地区汉服运动。刘荷花不仅为自己及亲朋好友制作汉服，后来也对深圳地区及马来西亚华人传授汉服的剪裁制作。

此外，笔者在田野调查中也遇到几位早期自制汉服的实践者。无锡汉新社中一位老同袍自述："当年（2006年左右）网购也不是

---

[1] 参见杨娜等编著《汉服归来》，中国人民大学出版社2016年版，第33—36页、第141—144页。

很发达,无锡又没有实体店,我们几个人就自己买布拿着剪裁图去找裁缝。裁缝自己也不太会,我们就在旁边告诉他们,这应该怎么弄,那应该怎么弄。"汉服爱好者"手脚冰凉"虽然是2019年才第一次正式体验汉服,但在2009年左右时就已经知道汉服,认为汉服承载了十分重要的民族意义,在2010年时托母亲制作过汉服:"当时是学校有服装表演秀,每个人或组都可以展现自己喜欢的衣服,我就想和另外两个同学一起穿汉服。然后在扬州(学校所在地)的布料市场100块钱买了好几米,很便宜的。我妈妈本来就会做一些简单的衣服,我给她看了一下大概的样式图,就是别人穿好的衣服拍了照的那种图,她就大概心里有数了,然后参照我给她的尺寸做了三套,大概是汉代那种大袖子的样式。"

可以看出,一方面,对于同袍来讲,要传承这种服饰文化,让汉服"活下去",就必须要用行动去"穿";另一方面,对于作为汉族服饰文化推广的汉服运动来讲,实物"汉服"无疑也是展示、传播文化的必需品。在彼时,汉服运动规模小,对汉服的需求基本只是个人或小团体级别,是可以自给自足解决的。在获取汉服的过程中产生的消费也是某种意义上的"生存性消费"。如今我们回顾汉服运动可以知道,汉服运动并非昙花一现,自兴起以后其影响力逐年增长,那么对于汉服的大规模需求自然很难再以"自给自足"的形式维持,汉服商家在汉服运动中开始占有举足轻重的位置。《汉服归来》对汉服运动初期代表性的汉服商家做了一些记载。"采薇作坊"被认为是第一家汉服商家,最初为和服、韩服、Cosplay的经营商家,作为汉服商家最早活动于2003年10月。王乐天出行当日所穿着的汉服便是由"采薇作坊"提供,是"采薇作坊"销售的第一笔汉服订单。2003年12月前后,"采薇作坊"也是世界各地汉服的主要供应商家，为汉服推广起到了一定作用。[1]"明华堂"是汉服运动中第一家汉服高端定制商家，由钟毅于 2007 年创立，2008 年正式注册成立，专项运营明制汉服。"明华堂"严格遵循在世文物的各项数据、工艺来制作汉服，强调传统工艺的延续与严谨性，并认为这是民族服饰的灵魂与价值所在。"不提供随意设计之服装"，钟毅一直严格遵守这一理念。[2] 从汉服商家的性质来讲，汉服运动刚兴起之际，汉服受众小，商业价值少，汉服商家的最大从业意义是给不会做汉服的同袍提供汉服，以便复兴汉服文化。因此其本身复兴汉服的信念感也比较强，大部分是"为理想而经营"。

汉服运动元年也是中国第一大电商平台"淘宝"创建的一年，此后，其母公司"阿里巴巴"还延展出网购商城"天猫"、二手交易商城"闲鱼"等几个关联平台，逐步渗透当代中国人的消费习惯。相对于运营实体店铺，网购的兴起无疑给汉服商家降低了投资门槛。根据"第一财经商业数据中心"与"天猫服饰"联合发布的《2020汉服消费趋势洞察报告》显示，2017 年左右以来汉服市场呈现爆发式增长，天猫汉服行业增长达 6 倍，在阿里平台下单购买过汉服的消费者人数逼近 2000 万大关，2019 年淘宝平台上的汉服成交金额首次突破 20 亿元。[3] 随着中国经济增长，人们休闲娱乐呈现多样性，与此同时，汉服运动的壮大及同袍、汉服爱好者需求的多元化，这些都使汉服市场中出现了体验性消费、炫耀性消费、品位性消费等多种消费性质。"在以符号消费为主要特征的后现代消费社会里，

---

[1] 参见杨娜等编著《汉服归来》，中国人民大学出版社 2016 年版，第 49—51 页。
[2] 参见杨娜等编著《汉服归来》，中国人民大学出版社 2016 年版，第 67—69 页。
[3] 参见《报告：2019 年淘宝平台上汉服成交金额突破 20 亿元》，《电商报》2020年 8 月 2 日，https://www.dsb.cn/124836.html。

人们的消费对象发生了变化,产品的消费只是表面形式,对意义和过程的消费才是符号消费的真正价值所在。"[1] 在汉服文化呈现越发繁荣的景气下,消费现象不可避免。汉服商家的商业性质越来越明显,不少纯商家及创业大学生也都将资本的目光投向汉服市场,汉服商铺如雨后春笋,彼此间也竞争激烈。

---

[1] 徐赣丽:《当代都市消费空间中的民俗主义——以上海田子坊为例》,《民俗研究》2019年第1期。

第二节
商业化对汉服运动发展的推动

一、汉服商业化对汉服"美"的影响

汉服商家对汉服形制的规范化、汉服的精致化、汉服形制的流行起到了比较重要的推动作用。

（一）汉服形制的规范化

在汉服运动中，"形制"是一个使用频率较高的词汇，但在日常生活的汉语中却极少被使用，而是多见于古代服饰研究中。形制究竟是指什么，在汉服运动中，尤其是涉及"形制正确"的话题中也存有一定的争议。有的同袍认为，形制可以简单地理解为衣服的"款式""式样"，如"曲裾""马面裙""襦裙"，或指衣服的拼接、剪裁等构成形式，如"上衣下裳""连体袍服""通裁"等。这些也的确都是"形制"在汉服运动话题中比较常见的用法。但另有一部分同袍认为，"形制"还有规则、秩序、礼仪、制度的意味在其中，是需要严肃对待的。这种看法也并非无道理，如周锡保在《中国古代服饰史》对"服饰的初步形成"的讲述中亦可窥见。对远古时期的服饰他是这样描述的：

> 当然人类是不会满足于现状的，一定会进一步把切割的兽皮或成块或分条，并将分条作为连缀片块之用，或者作为带子来束用。这时服饰的形式必定是进一步有意识地做成某一种式样了

> 随着生产力的发展,由狩猎而进入渔猎、畜牧与农业时期……他们不仅要求服饰式样的合度,并且在服饰本身外加以各类附属饰件等的美化。

但对于那些能够反映出人类社会文化思想时期的服饰,则是这样描述的:

> 这就产生了宗教信仰,这种信仰必然会反映到生活的各个方面,也反映到服饰制度上来。……《礼记·礼运篇》云:"以养生送死,以事鬼神上帝",这就是对生者和死者以及天地的祀礼,于是产生了祭服和丧服的形制。
>
> 黄帝垂衣裳而天下治,也就是说在那个时候衣服形制确立后,人们都按照这种式样穿着去祀天地、祭鬼神、拜祖先。部族社会的人与人之间活动得以较有秩序地进行着,因而天下治,已不像早先任意披着无一定形制的衣服了。[1]

汉服运动是对汉族古代服饰的再发现,因此同袍所认为的汉服,亦可说是一种向历史寻求依据的服饰。[2]

虽然汉服运动起初对汉服的形态认知多来源于古装剧,他们制作的汉服往往也都是对古装剧中戏服的模仿,但很快,在向服饰史

---

[1] 周锡保:《中国古代服饰史》,中国戏剧出版社1986年版,第1—3页。
[2] 参见周星《百年衣装——中式服装的谱系与汉服运动》,商务印书馆2019年版,第150页。

寻求依据的过程中，出现了一批主张将"汉服"与"古装"绝对割裂的"形制党"。他们认为，"古装"是古装剧的服装设计师根据古人的形象加以自己的创意改造设计的服饰，而"汉服"是历史上存在过的服饰，其形态自古即有标准，现代人不可随意设计。在"形制党"的引导下，"形制正确"也成为目前汉服运动推广汉服的基本共识。无论是汉服社团举办的活动，还是联合地方政府、官方机构，都会要求穿着"形制正确"的汉服。

随着汉服运动的发展，就"采用什么样的考据作为依据"上，形制党内部继而分化出了更多的理念流派，目前在舆论中占主导地位的便是"唯出土文物论"。这样的观点无疑也会遭受到反对。首先，"唯出土文物论"观点必然会打击掉一批尚未有完整出土文物的，或是与实际出土文物相差甚远，但在汉服运动实践中被广泛喜爱及认可的款式。将这些服饰排除在汉服之外，无疑是许多同袍无法接受的。其次，基于文物本身，反对者认为出土的文物反映的是逝者的着装，并不能说明活着的人的服饰风貌。还有就是杨娜指出的，文物只是历朝历代古装单品的个性，但汉服形制的标准应该是民族服饰体系的共性。

诚然，"唯出土文物论"的观点略显较真、绝对，并且在线下的实践当中，同袍对"形制正确"标准的界定也并没有那么严格。但销售或购买复原文物的汉服出错率无疑是最小的。许多汉服商家注重"形制正确"，和受到同袍的形制监督有关——一旦汉服商家做出了"形制错误"的汉服，难免会以"误导大众"为"罪名"被网络讨伐。而对于消费者来讲，穿着"形制错误"的汉服也有可能会被同袍提醒。有些比较重形制的同袍也会对自己不小心买到"形制错误"的汉服而感到懊恼与矛盾。"我刚入坑买汉服时什么也不懂，

图 4-1 入字底/八字袖/小曲裾　　图 4-2 三绕曲裾/"螺丝钉"

后来才知道形制是错的,自己也觉得不好不想再穿了。但毕竟我也花钱了,扔也不是,还挺贵的,只能当花钱买教训了",这种声音在网络讨论中也不少见。因此,目前大多的汉服科普、营销号推广,以及汉服商家出售的汉服会更偏向参照传世或出土文物。笔者取三个比较典型的案例具体说明汉服商家在汉服形制规范化中的试错历程。

案例一:曲裾汉服

曲裾汉服是汉服运动早期的主流款式。从"汉服资讯"平台所提供的销售数据来看,直至 2015 年,曲裾依然是汉服运动中最畅销的形制之一。但 2015 年后,曲裾跌落汉服"神坛"。如今无论是线上店铺还是线下活动,都很难看到曲裾。若回顾曲裾在汉服运动中的发展,从"入字底""八字袖"(图 4-1)、"宽加细"再到"螺丝钉"(图 4-2),这些"曲裾"中的"形制错误",都可以理解为是汉服形制探索过程的试错经历。

曲裾是一类形制的统称，从早期的图片资料来看，汉服运动中曲裾的类型是很丰富的，主要有三绕曲裾，或称"大曲裾""长曲裾"（参见图4-2）、鱼尾曲裾、短曲裾、小曲裾（参见图4-1）等。三绕曲裾绕衿及地，呈连体袍服，也常被一般群众误认为是和服。鱼尾曲裾是在三绕曲裾的基础上加长下摆的长度，使其如鱼尾一般，类似于西装燕尾裙。短曲裾与小曲裾都是绕衿至膝，需着下裳。二者区别是短曲裾下摆为"一"字底，小曲裾为"入"字底。汉服运动曲裾系列中，三绕曲裾可以说是一个"基础款"。小曲裾是基于三绕曲裾发展而来的，先于短曲裾出现。后来随着考据深入，有人认为小曲裾的入字底是影楼装、古装才有的，并非"形制正确"的汉服，并认为正确的形制应该是"一字底"。因此短曲裾作为一种"修正"顶替小曲裾开始风靡。但很快，小曲裾也被认定是"形制错误"，逐渐淡出汉服运动。除了"入字底"，"八字袖"也是曲裾实践中的典型"错误"。"八字袖"指的是大袖的袖子因布幅不够而在穿着者双手合拢时，两袖自然垂下相对会形成"八"字状，这在考据中被认为是不正确的。此外，作为配件的腰带——宽腰带加细腰带，简称"宽加细"，也是曾经的流行之一，但随后争议不断。"宽加细"指的是用宽腰带束腰后再系上一根细绳带作为装饰。这与日本和服"宽腰带+带蒂（细绳）"的造型极为相似。因此有不少同袍认为，这种系带等组合方式完全是商家照搬日本的。此外，也有同袍认为汉服根本不存在宽腰带，宽腰带本身就是对和服腰带的模仿。[1]2009年年底，"中国装束复原小组"团队根据长沙马王

---

[1] 日本和服的宽腰带是江户时代后期才出现的，与历史上曲裾盛行的年代相去近两千年。带蒂主要用于辅助宽腰带打出花样繁多复杂的结，与汉服运动中细腰带的基本功能完全不同。此外，对于汉服是否存在宽腰带，汉服运动中至今仍然存在争议。

图 4-3 复原的马王堆绕衿曲裾

堆西汉辛追墓出土的长寿绣曲裾袍复原了一套曲裾汉服。（图 4-3）在此之前，曲裾汉服"线条流畅"的轮廓，向来被认为是汉服"灵动"的典型。然而复原的马王堆曲裾在外观上显然不具备这一特征。从形制依据上来看，马王堆的复原曲裾无疑是最为"形制正确"的，但作为一件衣服，它似乎并不太符合同袍的普遍审美，始终未在汉服运动中流行开。后来，随着"唯出土文物论"的盛行，那些没有文物依据的曲裾款式几乎被全盘否定。当年占据主流的"三绕曲裾"亦被当下戏称为"螺丝钉"，成为"时代的眼泪"[1] 的代表。

---

[1] 网络用语，源自动漫《机动战士 Z 高达》台词"你会看到时代的眼泪"。指某事物被时间埋没，令人流下感怀的泪水。在当下汉服运动中多指 2017 年以前所实践的汉服形制或风格特色。

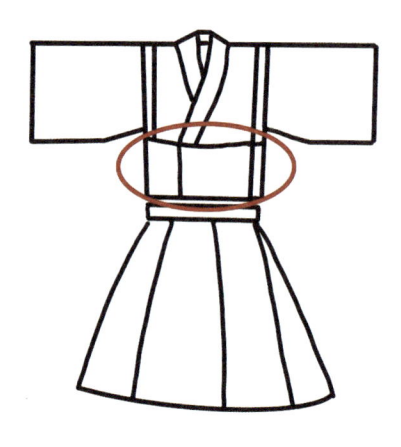

图 4-4 有腰襕的襦裙
画圈部分为腰襕

案例二：襦

汉服运动在很长一段时期里，都将汉服"裙掩衣"的穿着方式称为"襦裙"。"襦"即代表"上衣"，如"齐胸襦裙""对襟襦裙""交领襦裙"。与之相对的"衣掩裙"称为"袄裙"，通常指明制的"上衣下裳"。但随着汉服考据的深入，同袍根据传世及出土文物等资料发现，"襦"应该是特指一种有"腰襕"的上衣，与上衣是否被裙掩住没有关系。（图4-4）但由于腰襕被掩盖在裙下，因此单从壁画上推测也就很难能想到腰襕这种结构。在文物考据同袍的"科普"下，汉服商家也及时作出了修正。这种修正在晋制汉服上尤为突出，上衣是否有腰襕成为判断是"晋制"还是"魏晋风"[1]的重要依据之一。此外，没有腰襕的上衣、单层的薄衣被改称为"衫"，而"袄"

---

[1] "魏晋风"不被视为汉服。

第四章　商业语境中的汉服运动 | 141

图 4-5　一片式下裙平铺

则专指有里衬、夹层的上衣。"衫"和"袄"与下裙组合分别为"衫裙"与"袄裙"。

案例三："两片式"裙

汉服的下裙，在平铺的状态下呈现为矩形或梯形，拥有一个裙头，裙头两端各有一根细带。（图 4-5）这种结构在汉服运动中称为"一片式"。穿着时用裙体将下身裹住，用裙头的两根细带打结固定。考虑到这样的穿着方式很容易造成裙体滑落，有商家将其改造成了"两片式"。两片式裙结构呈桶状，由前后两个裙头组成，共四个系带，穿着时需先将身体套入裙体，再用前后两组细带分别打结固定。两片式裙在流行了一段时期后，被指出是商家模仿和服的"袴"造出来的，并且目前传世及出土的所有朝代裙类文物中，没有一件是两片式结构的,因此不少观点认为汉族服饰根本就不存在这种剪裁传统。同时也有观点认为,唐代壁画中的服饰在腋下一侧有呈开衩状,可以作为两片式裙存在的依据。当然,对此也有许多反驳意见指出,壁画中所谓开衩的地方尚存在许多疑点,并不能证明这种疑似开衩的部分就是对两片式结构的描绘。

如今的汉服运动,对汉服形制正确的要求越发严格。大部分同袍坚定形制本质主义的实践方针,尽可能无限接近最"本真"的汉服剪裁结构。就这一点而言,与汉服运动中各种民俗主义现象是完全反向的。但这也不难理解:同袍穿着实践的汉服,承担着向大众宣传及展示汉服的责任与功能。作为文化的传播者,想要确保所传播文化的正确性无可厚非。商家提供给同袍的汉服是否规范,很大程度上关系到汉服文化是否能够被"正确"地输出。从案例中可以看出,目前汉服商家的"形制规范化",主要是在"唯出土文物论"为核心的考据派们的监督下自省修正中进行的。在两方面的联合推动下,许多早期汉服运动中"形制错误"的"汉服"都被打上了"时代的眼泪"的记号,逐渐淡出汉服市场。如今,搜索淘宝的汉服电商,可以看到许多汉服商家都会在自己的产品介绍中注明形制的文物出处。有些更为专业的商家还会对文物形制的知识进行延展性介绍。

(二)汉服的精致化

若将当下的汉服与早期汉服运动中的汉服对比,可以很直观地发现汉服在近20年中有着十分明显的精致化倾向。早期穿着汉服的同袍,更侧重于通过穿上汉服彰显自己的才艺、学识等内在之美。而如今可看到,中国年轻的俊男靓女们亦开始将汉服作为一件普通的"漂亮衣服"装扮自己的外在之美。

图 4-6 洛瑛汉服社老成员们 2014 年的汉服照
明制交领短衣为右一（洛瑛汉服社原社长"风冷袖"供图）

以汉服的明制交领短衣（以下简称"明短衣"）为例，早年的明短衣较当下大致有以下三个方面的变化：首先是放量变大。早期明短衣大多为合身尺码，总体看起来比较拘谨。修改后的明短衣，在胸围尺寸上一般会加大 10—15 厘米，袖根宽、衣长、通袖长等方面的尺寸也都略有加大。如此一来，明短衣的上身效果变得从容大方，也更体现了汉服传统平面剪裁对身材包容的优势。其次是在版型上做出了调整。像袖型、衣摆、腋下等部位都进行了弧度、线条走向、角度等细节上的调整。放量与版型调整都大幅度提高了身体表现的美观度。最后是工艺风貌上的变化。在此之前，明短衣的工艺通常以平纹/斜纹/四面弹等基础时装布料加简单绣花为主，纹样设计也多基于一些民俗小商品中经常运用到的花鸟类等造型。近几年通过同袍对汉服传统织造工艺的研习与推广，尤其在明制汉服的工艺表现上有了十分显著的突破。当下的明短衣大多采用缎、纱、罗、绫等面料或仿料，以暗纹提花、织金、妆花等工艺或仿造工艺来表达纹样。纹样取材多来源于传统汉族服饰文献及文物、传统器物文献及文物等有工艺历史依据的资料。（图 4-6）

从明华堂的汉服作品来看，注重服装工艺的精致化汉服实际很早就已经存在。但因价格高昂，明华堂在当时并没有带动汉服精致化的发展。精致化汉服能够在后来被大面积推广，可以说与商家在汉服市场竞争中不断压低价格也有很大关联。杨娜在《汉服归来》中根据2015年汉服成品年度销售量推断，"200元至300元之间的汉服是最受欢迎的"[1]。如今汉服消费市场壮大，薄利多销的商家已占有一定比例，一套一百元，甚至不足百元的汉服随处可见。这类低价又能仿造出精美工艺的汉服又被称为"白菜汉服"，深受汉服新人及学生的喜爱。与此同时，审美亦能刺激消费。在调查中，有不少受访者表示"看到新款就忍不住想买""太好看了，感觉永远买不完""一入汉服坑就停不下来了"。可以看出，汉服精致化也带动更多爱美的年轻人喜欢上汉服，扩大汉服圈子与消费市场。部分热门的"白菜汉服"，由于购买者较多容易在活动中出现"撞衫"现象，故被汉服消费者们称为"汉服校服"。此外，"白菜汉服"也为一些"不差钱"的汉服集邮爱好者提供了更多购买同款不同色的汉服以用来收藏或展示的可行性。这些都在一定程度上提高了汉服的实践性与传播度。

值得一提的是，笔者在考察中发现，汉服运动中不乏拥有汉服纹样设计才能的同袍。他们有很多汉服精致化的灵感，但能够变现的却很少。这是因为服装商家在采纳纹样设计时，会综合设计版权费、织布成本、利润等多方面要素去考核。尤其在工厂生产方面，产量越多价格相对越低，也是决定汉服成衣最终价格的关键点。而汉服的市场实际总体仍处在小众规模，汉服商家会更为谨慎。这一点也

---

[1] 杨娜等编著：《汉服归来》，中国人民大学出版社2016年版，第57页。

体现在汉服交易中比较常见的"团购"模式。汉服商家有时在开售一款汉服时,会先发布设计样稿,根据预购人数决定是否开团以及定价,团购人数每达到一定数量,价格便会下降一个等级直到最低限度。可以看出,商家对汉服精致化的推动,在很大程度上会受到汉服市场规模、消费者购买力等一般市场关系的制约。另一方面,没有商业的推动,精美的汉服也很难普及起来。一个优秀的汉服创意,没有商业的运作可能永远只是一个构想。

(三)汉服形制的流行

中国历史悠久朝代众多,即便是在每个朝代的不同时期,其服装形制也有所不同,而每个时期亦同时存在多种形制的服饰。基于古代服饰史料进行实践的汉服运动,其中的汉服形制种类之繁多也自不言而喻。因此,在各种汉服活动中,同袍或是汉服爱好者们穿着各式各样形制的汉服亦是一种常态。但若对整个汉服运动着装风貌进行回顾,即便汉服形制"百花齐放",也可发现每隔一段时期就会出现一次阶段性流行的形制。自2002年至2021年3月为止,汉服运动中有明显流行现象的汉服形制与时间大致如下:

2002—2015年:深衣类,以曲裾为主
2017年:魏晋制/魏晋风
2019年:明制汉服
2020年夏季:宋制

这里值得一提的是,齐胸裙可以说是汉服运动中的"常青款",自始至终都有较高的使用率,尤其是在夏季作为"夏季汉服"居多。

也正因此，常年占据汉服运动"半壁江山"的齐胸裙，反倒呈现不出明显的阶段性流行现象。

从笔者收集到的信息来看，每个时期决定流行什么形制的因素十分微妙，同袍之间也各有各的看法。首先对于以曲裾为主的深衣的流行，主要是深衣类服饰交领、右衽、褒衣、大袖、博带等特征最符合早期同袍对"汉服"的想象。另外在意义层面上，深衣被收录在儒家礼学著作《礼记》中，被汉服运动先驱视为华夏衣冠礼制的典范，"符合汉服的最高礼仪之美"[1]。对于其他形制的流行，有同袍认为是受热门古装剧影响。如2017年仙侠剧《三生三世十里桃花》热播，以"仙侠风"为特征的魏晋制汉服/魏晋风风靡；2019年明朝背景的电视剧《大明风华》《鹤唳华亭》等热播剧开播，同年明制汉服大流行；2020年以宋朝为背景的《清平乐》热播，宋制汉服成为同年夏季的汉服"宠儿"。亦有同袍认为中国丝绸博物馆主办的"国丝汉服节"的朝代主题是汉服流行的风向标，如2019年的主题是以展示明朝服饰为主的"明之华章"，2020年的主题是"宋之雅韵"，展现宋朝服饰。"宋之雅韵"期间还开启了"我的宋潮Style"网友宋朝装束最佳穿搭的评选活动，间接带动了宋制汉服的消费。虽然对以上这些可能的因素同袍意见不一，但总体而言，汉服商家的大批量集中生产、宣传造势、相互跟风是促成汉服形制流行的最终推手这一点，是很多同袍都基本认同的。

另一个比较关键的因素与"形制正确"有关。汉服运动虽然很早就提出"形制正确"，但将标准提高至以文物为准却是近些年来

---

[1] 周星：《百年衣装——中式服装的谱系与汉服运动》，商务印书馆2019年版，第237页。

才兴起的风气。虽然并不是所有同袍都认同这一观点,但许多商家为了"少惹事",会尽可能地按照文物去做。因此,各朝服饰的传世藏品与出土报告也就成为商家极为重要的汉服蓝本资源。与当代距离最近、现存文物最多的明制汉服必然成为首选。这也是明制汉服自首次出现流行现象后就一直处于稳定状态的原因之一。到目前为止,除了明制系列,长沙马王堆汉墓出土的袍服(深衣)、甘肃花海毕家滩26号墓出土的紫缬襦绿襦和碧绯裙(晋制襦裙)等都是汉服商家近些年的制衣蓝本。而安徽南陵铁拐宋墓中出土的窄袖褙子、福建南宋黄升墓出土的两片裙直裙也在2020年宋制流行季被作为"飞机袖+旋裙"的套装推出,成为汉服运动兴起以来向大众展现的又一"全新款式"。

从以上几个汉服流行的案例中可以发现,汉服市场并不仅仅以"商家"与"消费者"为主要互动关系。在汉服的"买"与"卖"中,"汉服同袍"亦作为文化监督参与其中,持有重要的话语权。同袍十分担心汉服商家在经营过程中向大众传播"错误"的汉服,击溃汉服运动20余年的实践成果。而这也恰恰反映出汉服商家对汉服及汉服文化的输出的确有着强大的推动力,"汉服商业"是汉服运动实践中十分重要的部分。

二、汉服商业化对汉服运动实践文化的影响

随着汉服商业化进程,汉服商家也逐步开始品牌化。"品牌是非物质财富,因为大胆运用了传播技术的支持,品牌形象的开发被

提升为承载消费的快车"[1],创造感受性氛围是品牌的工作[2]。汉服商家打造品牌逐利的同时,在客观上也丰富了汉服运动实践的方式,催生出新的汉服运动实践文化。笔者在跟访的两个社团聊天群中发现,讨论商家品牌已成为同袍日常聊天的主要话题之一。他们会相互分享购买经验,推荐口碑较好的商家或劝退口碑较差的商家,有很多同袍可以熟练地说出汉服圈中的品牌以及其特色与优缺点。在西塘汉服文化周中,也能听到穿着汉服的同袍在观看汉服表演时讨论该表演使用的是哪家汉服品牌,或是与他们擦肩而过的某位同袍穿了哪家罕见或高端品牌的汉服。甚至还会在游玩中看到他人穿的漂亮汉服忍不住上前询问是哪家品牌的汉服。洛瑛汉服社每年也会整理出一套汉服商家推荐表,将一些口碑较好的商家品牌按特色分类提供给社员,方便他们选购。有关汉服品牌的种种已经成为同袍们新的话题与谈资。

(一)通过各种品牌营销建构粉丝身份认同

部分同袍或汉服爱好者,比起汉服款式,他们更注重汉服商家在品牌中所赋予的超越汉服本身的附加价值,成为"商家粉"。这是近几年来汉服圈中新兴的群体现象,是一种"粉丝经济"。在中国,通过名人、关键点效应做粉丝经济已成为流行趋势,而品牌本身也能成为一个具有粉丝效应的品牌,让它自己就具备吸引力和用户黏

---

[1] [法]奥利维耶·阿苏利:《审美资本主义:品味的工业化》,黄琰译,华东师范大学出版社2013年版,第165页。
[2] 参见[法]奥利维耶·阿苏利《审美资本主义:品味的工业化》,黄琰译,华东师范大学出版社2013年版,第176页。

性。[1]对于商家来讲,粉丝的黏性会比一般的消费者高,拥有越多的粉丝也就意味着拥有越多的稳定消费群。流量是当前信息交互时代最鲜明的特点之一,"流量时代,无论是偶像还是自媒体,都把粉丝流量看作变现来源,极力迎合满足市场的需求"[2]。

商家为获取粉丝会策划许多营销方式。如比较常见的"会员制",即通过给顾客赋予特殊身份或是优待服务等方式获取消费者的信赖,形成品牌认同,进而使他们成为忠实粉丝。汉服圈中,部分汉服品牌商家会以"会员享有优惠""会员包邮""会员工期优先""发放会员证书""进入会员群获取一手信息"等给予优待服务的方式获得会员。有些汉服商家还会进一步设置会员进阶制,给予不同等级会员不同程度的优待服务来巩固粉丝忠实度。还有的汉服商家是以积分制的形式巩固顾客忠实度。如购买该商家的汉服或配饰即可获得积分,累积到一定额度便可兑换指定商品或优待服务。部分汉服顾客会在对某一汉服商家不断投入又不断获得优惠或优待服务的过程中逐渐成为商家粉。此外,"限量发售"也是部分热门汉服商家会使用的一种获得粉丝忠实度的销售方式。发行数量的有限是一种有效保证——虽然这种保证方法是有些粗鲁的——表明这个版本是很珍贵的,因此是奢华浪费的,它能够增进消费者的金钱荣誉。[3]即便有时有"复刻版",有些汉服商家也会有意在细节上做出并强调与初版的差异,以凸显"初版"较"复刻版"更为珍贵。除了汉服商家自主"圈粉"外,还有一种是商家粉自发为自己建构品牌身

---

[1] 参见李光斗《移动互联网时代品牌的粉丝效应(上)》,《中国商界》2021年第9期。
[2] 汪闻涛、汪咏国:《浅谈流量时代青年人价值观纠偏》,《天水行政学院学报》2021年第4期。
[3] 参见[美]凡勃伦《有闲阶级论》,蔡受百译,商务印书馆1964年版,第127页。

份认同，以获得在汉服群体中的各类价值感的满足。如商家粉建立社交群，并只接纳能够提供对该商家进行过一定金额以上消费的购买凭证的消费者进入该社交群。汉服圈内的商家与粉丝，有时并不仅仅只是"供货方"与"消费者"这样的供求关系。当汉服商家陷于舆论纠纷时，部分商家粉也会在网上"下场出战"维护自己喜爱的汉服商家。有时还会由此牵扯出一系列汉服圈中的奇闻八卦，成为汉服社群中的谈资。

事实上，以上这些营销方式也好，粉丝文化也好，都是一般商业活动中非常普遍的现象。这些现象发生在汉服运动实践中，也逐渐形成了具有汉服圈特色的商业文化。

（二）品牌版权意识催生"山正之争"现象

随着汉服品牌化的形成，近几年也出现许多仿制热门原创品牌商家进行汉服销售的汉服小作坊，这类汉服在汉服圈中被称为"山寨汉服"，简称"山服"。"作为流行语的'山寨'据称最早是指广东一带生产电子配件的小型加工厂，这些加工厂的生产条件落后，生产水平低下，生产出来的商品大多是模仿正规品牌，价格廉价，质量却很低劣。"[1] 随着语义泛化，"当下只要与模仿、假冒、平民化等语义相关的现象和事物，都可以用'山寨'一词来概括"[2]。汉服市场中所指的山寨汉服，兼具了"仿造品"与"假货"两种形式。品牌往往意味着良好的品质、优越的消费认同，在同类商品中，知名品牌亦更容易为消费者所青睐。但品牌也常常会因为这些附加价

---

[1] 刘梦婧：《"山寨产品"的取名情况考察》，《品位经典》2019年第2期。
[2] 刘梦婧：《"山寨产品"的取名情况考察》，《品位经典》2019年第2期。

值导致商品价格高于一般同类商品。当然，这其中也包含了原创品牌在服装设计、品牌推广、开拓业务等多方面辛苦运营的无形成本。山寨品借助品牌已购买到的设计版权和已经营好的知名度与口碑，通过节省无形成本，以低价在市场中浑水摸鱼获取利润。

汉服运动刚兴起时是没有所谓"山服"的。当汉服商业环境中出现"知名品牌"后，也就孕育出"山服"的商机。汉服运动之所以会出现"山正之争"现象，是因为同袍们对于汉服运动中"穿山""买山"[1]的看法形成了两极分化。很多同袍是反对"穿山"的，这也是许多汉服社团、汉服活动主办方公认的立场。在田野调查中，无论是西塘汉服文化周的"穿汉服免门票"抽选活动，还是笔者跟访的汉新社组织的活动，都会特别强调不许穿"山服"。据以往参加过汉服文化周的同袍回忆，现场还有工作人员检查衣服的商标。但实际上，在汉服的"穿山"现象中有一种不可避免的情况，就是许多刚涉足汉服的汉服新人或是一般的汉服爱好者并没有所谓的"山正"意识。他们就像买普通衣服一样，看到喜欢的样式就买下了，这就有可能会买到"山服"。因此，汉服运动中大部分对"穿山"的批评主要是针对一些明知是"山服"还要去穿去买的行为，即汉服圈中所谓的"知山买山"。

从一般世俗价值观上来讲，"山寨货"绝对不是什么正面意义的事物，但老百姓在实际生活中对其包容性还是比较大的，不认为是什么大不了的事。对于"反山"舆论，也有不少同袍认为"山服"是商家之间的纠纷不应波及消费者，即便是"知山买山"也不违法，

---

[1] 即穿着山寨汉服。后文的"买山"是买山寨汉服。"穿山""买山"在汉服运动中已成固定使用。

不应受到讨伐。同袍小雨在与笔者线上聊天时针对这个情况表示："我觉得作为一个汉服商铺，是一个商业行为就需要赚钱。如果你不能够更好地维护自己的利益，而是靠消费者去抵制山寨来保证你的利益，我觉得作为一个商家就是很失败的一件事情。如果你被'山'了，那你要想想，在质量相同的情况下，要不然是你利润加太高了，要不然是你找不到性价比更高的加工资源。虽然说山寨不好，但是这种把山寨风险行为转嫁给消费者，是很失败的。"同时也有很多只关心汉服文化能否复兴的同袍并不关心"山正"问题。他们认为，汉服运动最主要的是文化传播，只要能让大家穿上汉服，是"山"是"正"都无所谓。还有人认为，"山服"能以低价使更多人买得起汉服，对汉服的推广是一件好事，反而是一些品牌汉服为了赚钱抬高价位，阻碍汉服的推广。

在反"穿山"中，确实有不少同袍是真心出于版权意识。他们认为不劳而获的"山寨商家"肆意，会使认真做汉服的原创商家无法生存而退出汉服产业，从长远来看，若汉服运动放任"山服"，终有一天会遭到反噬。因此，他们在呼吁版权意识的同时，也会为汉服消费者分享避免买到"山服"的经验。但也有部分同袍认为"穿山"即是"穷""贪便宜"的表现，或是认为"知山买山"是一件很没道德的行为，甚至直接称呼他们为"穿山甲"以示贬低。小雨评价说："我觉得其实知山买山真没什么，就比如说买奢侈品的人，从道德上来说可能买山寨是不好，但是你真的见到买正品的当着面去怼那些买山寨包的人吗？怎么就有那么高的优越感去怼那些买山寨汉服的人呢。"针对版权问题，正品汉服商家方面也不完全坐以待毙，许多商家都采取各种应对措施。有的对自家设计进行作品登记，申请版权保护，有的使用法律武器，将山寨商家诉诸法庭。

"山正之争"反映出了汉服运动中实践者之间、实践者与汉服商家之间、汉服商家与同行之间各种需求、利益上的复杂关系,也是汉服运动实践文化中比较重要的一部分。

(三)汉服"造星"

自汉服文化日益商业化后,为了更好地打造品牌,许多汉服商家除了会邀请当下知名度较高的明星、网红参与外,亦会培养一些形象较好的模特来展示自家商品。在"盈利"的推动下,为了将汉服这一商品"卖出去",汉服商业展示在视觉上就会有较高的要求。从模特的容貌、仪态,到表情管理、舞台效果,都相较其他展示汉服的方式更专业。一些模特也就此成为汉服圈中的名人,被同袍塑造成偶像。久而久之,这种展示方式催生了汉服模特培训这一产业的萌发。当然,汉服模特当中,有的原本就是影视圈里的小众演员,也有的是戏曲圈的表演家,抑或其他小众圈的网红。

除了一般的商品图展示外,商业会展也是当下汉服运动中汉服商业展示的主要方式之一。汉服商业会展的主要模式是汉服商家线下商品展与汉服商业走秀。如"China Joy"中,不少知名汉服商家在此设展,同时还设有"洛裳华服赏"汉服商业走秀环节。(图4-7)此外,西塘汉服文化周活动中也会有汉服商业展示。笔者在2019年的汉服文化周中,就遇见了在汉服圈中被称为"未婚夫男团"的汉服模特团体。他们所到之处都会引起一阵骚动,女孩子们激动地狂热尖叫,不停拍照。与此同时,社交网上有关"汉服""西塘汉服文化周"等话题中也不断出现有关他们的讨论,其阵势毫不亚于娱乐圈明星。近几年,中国娱乐圈兴起了一股"造星热",不少怀有"明星梦"的年轻人会试图通过参加选秀活动一夜成名。随着汉服圈偶

图4-7 "China Joy"的"洛裳华服赏"汉服商业走秀
（笔者摄于2020年8月1日）

像的兴起，通过成为汉服模特走向大众，也成为一些年轻人成名的另一条道路。

同时，当下亦出现了一种叫作"种草机（姬）"[1]的新型汉服商品展示模特，即展现力较强的汉服博主在个人社交平台上帮助各大汉服商家穿着展示商品，吸引汉服消费者"种草"购买。这种专业"种草机"通常是不露脸的。此外也有一些知名汉服博主，他们在分享穿搭时经常会带火一些商家的汉服商品，因此有时也会被称为"种草机"。汉服"种草机"可以理解为是汉服圈中消费方面的意见领袖，尤其是专业"种草机"，他们运用自己对"美"的表达

---

[1] 网络流行语，指专门推荐某类产品给他人使用或购买的互联网博主。女性博主的情况下有时也会使用"机"的谐音"姬"。此外，"种草"是指将一件物品或产品分享推荐给他人，使其喜欢上或激起其购买欲望的行为，或是自己根据外界信息或受到他人分享推荐，对某事物产生体验或拥有的欲望。

能力，帮助汉服商家对同袍或汉服爱好者进行审美刺激，生产消费符号，制造消费欲望，从中获取报酬。

第三节
从文化象征到商业资源

一、汉服——拥有"正统"光环的亚文化

目前,各界对汉服及汉服运动的归类基本都倾向于亚文化。加之当下,汉服常与洛丽塔、JK制服并称"三姐妹",不仅是小众服饰爱好圈中的热门,更可以说是当代亚文化中的典型。但不同的是,汉服运动处在一个"近似于'主流'的话语和亚文化的实际地位"[1]的矛盾状态。汉服运动的实践,从来都不是以将汉服发展成亚文化为目标的。对于汉服运动而言,汉服是中华优秀传统文化,蕴含了汉民族的智慧与独特的审美,是高雅的、内涵的、严肃的。亚文化则往往带有不正经、非主流、对抗性等色彩,甚至有可能是危险的,是需警惕的对象。"因为穿着汉服而不被父母、家人、亲戚或朋友、同事所理解,从而导致人际关系紧张的情形多少也是存在的。"[2]对于"亚文化"的标签,早期同袍是无法像其他亚文化群体一样泰若安然,欣然接受的。相反,他们极力地用悲壮的历史言说去渲染,热忱地投入古代传统节日的复兴,复原各种仪式礼仪,通过网络、媒体、线下活动等途径向各界游说汉服之于华夏文明的重要性,等等,为汉服争取主流地位。

---

[1] 周星:《本质主义的汉服言说和建构主义的文化实践——汉服运动的诉求、收获及瓶颈》,《民俗研究》2014年第3期。
[2] 周星:《百年衣装——中式服装的谱系与汉服运动》,商务印书馆2019年版,第278页。

党的十八大以来，中央高度重视弘扬、发展与创新中华优秀传统文化，中华传统文化成为中国特色社会主义最深厚的软实力。从此，喜欢传统文化有了政策意义上的正确性。2018年，共青团中央发起"中国华服日"活动，活动中展现了汉服及其他少数民族服饰文化，这也为汉服盖上了官方性的"公章"。在传统文化光环加持与官方力量护航下，汉服较其他亚文化呈现出明显的优越性和正统性，汉服运动也获得了一定的正当性。在这样的环境下，汉服首先作为文化资源，与众多传统文化一起登上各地"文化搭台，经济唱戏"的舞台。同时，在以"互联网文化IP""电商直播"等模式发展经济的当下，汉服也成为一个热门的文化品牌，变成一种商业资源。新媒体技术发展为汉服文化的传承、汉服品牌的打造、汉服文化产业的发展提供了更多的可能性。[1]

二、助力地方创生

（一）西塘汉服文化周

"西塘汉服文化周"由著名作词人方文山发起，于2013年11月1日至3日在浙江省嘉善县西塘古镇景区展开第一届活动。文化周有十分丰富的项目，以笔者所实地考察的2019年第七届活动为例，其中就包含了"朝代嘉年华""传统射箭邀请赛""铠甲展""汉服文化博览会""中国风漫画展""小童星汉服T台秀""汉服好声音"，以及其他打卡、猜谜、礼乐表演展、文化集市、汉服体验

---

[1] 参见蔡露露《新媒体背景下中国汉服文化传播策略分析》，《新闻研究导刊》2019年第10期。

图 4-8 第七届西塘汉服文化周景象
（笔者摄于 2019 年 10 月 25—26 日）

等大大小小数十项可供游客观赏或参与的娱乐活动。于汉服运动而言，这无疑是一场全国性的以汉服为核心的传统文化盛会，亦是传播汉服文化的绝好平台。（图 4-8）

但对景区内外的餐饮、特产商家以及当地的交通设施、住宿设施等经营者来说，文化周期间，除了满眼的"穿越古人"外，无异于一般的旅游旺季。整个景区活动的运营都是十分常规的旅游景区模式。笔者于文化周开幕日前日乘坐高铁抵达嘉善县，此时嘉善车站已经聚满了穿着汉服的俊男靓女。随后,笔者入住嘉善县城中心的宾馆。宾馆经营者在与笔者闲聊中说道:"这几年每年这个时候都这样,西塘那附近酒店很早就满了,得提前半年预约。我们这倒是还好,不过也比平时热闹,你看都是穿古装的。"在闲聊期间,的确有几批穿着汉服的住客进进出出嬉笑打闹。次日,笔者乘坐出租车去景区。在路上,司机十分有经验地对笔者建议:"幸好你们没坐公交车,走大路肯定堵,我建议绕小路走,远是稍微远点哦。前面路段是没问题的,快到那门口的地方有你等的,不信你看导航是不是。我每年这时候送去西塘的都是走那条小路。"当日景区内外,满眼尽是穿着汉服的人们。古镇熙熙攘攘,仿佛回到了几百年前的景象,穿着日常时装的普通游客反倒成为"稀罕人"。餐饮方面,普通的饭店、饮品店、小吃摊的拥挤程度不言而喻,外卖业务也甚是繁忙。夜晚景区门口等待载客的出租车司机已不再打表计价,而是以一人三十元,尽可能载满四人的方式运载。

其承办单位北京华文版图文化传媒有限公司官网资料显示,文化周属于该公司文化活动服务项目,以中国风系列品牌等活动为基础,依托文化旅游城市为景区景点宣传推广、增加能见度,吸引更多客流量,深度开发文化艺术品及文化旅游活动周边商品。它同时也是嘉善县、西塘镇等当地各政府、旅游部门共同推动的[1],是借民族服饰保护办好地方创生的旅游项目。如今,该模式已成为各地景区效仿的范例。全国不少景区定期举办穿汉服免费入园活动,与早期同袍穿汉服遭景区拒绝入内的经历形成鲜明对比。

---

[1] 参见第七届西塘汉服文化周发放的"打卡册"资料。

（二）无锡汉新社协助的地方创生

无锡汉新社是无锡市最早且最大的汉服社团，2014年8月正式在民政部门注册登记，隶属共青团无锡市梁溪区委员会（以下简称"梁溪区委"）。传统文化热席卷全国以来，"无锡市政府大力打造旅游产业，开发了古运河、南禅寺、鸿山遗址、吴文化公园、惠山古镇、巡塘老街等一批具有传统文化特色的旅游景点，十分重视城市形象的宣传和历史文化遗产的发掘"[1]。"汉服运动契合了这一城市需求，得到了政府的认可和支持，汉新社顺应这一趋势，发掘自身特点，积极参与城市文化活动。"[2] 在笔者的考察期间，汉新社组织的活动许多都涉及无锡旅游产业的地方创生。

2020年4月30日，梁溪区委于无锡市南长街清名桥古运河景区举办名为"'溪'有青年文化节"的五四青年节活动。（图4-9）活动结合当年新冠疫情，将主题设为"新青年——不'疫'YOUNG"。活动分为"青分享""青展览""青夜市""青消费""青招聘"五大块面，围绕"运河夜巷市集""青年抗疫展览"策展，以"夜市青年招聘会"的形式进行。活动当天清名桥景区段呈现出"集市"的风貌（商铺摆摊与人才招聘摊位），活动入口处展出了许多与抗疫相关的展品及互动设施。汉新社响应委托号召社团成员于开幕当天穿汉服列队夜巡，为开幕式增添传统氛围与活动亮点。

同年7月18日，由无锡"二泉网"与其他几家媒体公司联合举办的"西施选拔赛"（图4-10）于无锡市城中古街小娄巷进行。活

---

[1] 黄多阳：《无锡汉服运动》，《江苏丝绸》2013年第4期。
[2] 黄多阳：《无锡汉服运动》，《江苏丝绸》2013年第4期。

第四章　商业语境中的汉服运动 | 161

图 4-9 "'溪'有青年文化节"景象
（笔者摄于 2020 年 4 月 30 日）

图 4-10 无锡"二泉网"主办的"西施选拔赛"景象
（笔者摄于 2020 年 7 月 18 日）

动委托汉新社部分成员穿汉服做评委，其余成员可穿汉服去现场围观，同时也是为活动场地渲染传统气氛。该活动目的性很明确，在标语上直接标明了"直播／带货／城市达人／歌手签约打造无锡红人"。此外还有高希希导演总监制的电影《西施新传》的宣传。之所以以"西施"为主题，不仅是因为西施有"美女"之寓意，还因为传说西施与范蠡这对佳人在灭吴后隐居无锡蠡湖，即"泛舟蠡湖"的典故地，因此"西施"也常被无锡地方作为一种文化符号。可以说，该活动是十分典型的地方创生项目。

图 4-11 "今夜'梁'宵"夜市景象
（笔者摄于 2020 年 8 月 8 日）

同年 8 月 8 日，汉新社被委托举行无锡市南长街清名桥古运河景区举办的三段开幕式夜巡。开幕式当天，景区同时开启为期三个月的"今夜'梁'宵"活动。（图 4-11）除了集市外，当天还有各家媒体商家举办直播带货，无锡市各政府部门领导也进行了开幕式发言，意在将该街区打造成国家级夜市区。

从以上活动案例中可以看出，汉新社接受委托组织的公益性活动是具有一些表演性质的。参加活动的袍子们，其中很多人都表示在活动正式开始前自己只知道有活动，不清楚具体干什么，也不知道需要耗时多久，甚至有的是临时被朋友"抓包"来的，大家都是重在参与，重在开心。

三、国潮经济中的汉服文化

笔者在对当下汉服运动考察时发现，如今的汉服已然是国潮中的一个热门"IP"。"国潮"并不是一个学术词，对于它的形成与定义，北京国际设计周组委会办公室副主任曾辉认为："'国风'是根植于中华民族发展历史中的意识形态与传承理念，对于普罗大众来说这更像是只可远观的'阳春白雪'，而'国潮'的出现拉近了大众与中华传统文化的距离，将历史沉淀凝结和转化成为具体的品牌、产品。"[1] 可以看出，国潮最终的指向是将"情怀"转化为"经济"，"文化复兴"显然不是主要任务。从商家广告、标题、宣传等措辞使用上来看，国潮通常兼容了"国风潮流"与"国货潮流"两种意义。当下，有关汉服的文化、活动或商品，也常常会被贴上"国潮"的标签。

---

[1] 郑芋：《"国潮"是风还是"潮"》，《中国文化报》2019 年 11 月 23 日第 4 版。

"悄然勃兴又猛然袭来的这股'国潮',不仅让许多曾经对'传统'充满反叛的年轻人心甘情愿成为传统文化的门徒,也让整个社会有些始料未及。"[1] 于大众视角而言,被渲染上国潮色彩的"汉服",也比早期汉服运动中那些沉重的、严肃的"文化民族主义"言说中的"汉服"看起来"有趣"多了。"国潮"是传统文化与亚文化在商业催化下大规模的文化"破圈",是互联网媒体时代面向"Z世代"有关"国风/国货"的商业表达。国潮也反向推动了传统文化通俗化、流行化。

---

[1] 杨鑫宇:《悄然勃兴的"国潮"为什么年轻人情有独钟》,《党员文摘》2020年第1期。

第四节
商业语境中汉服运动的民俗主义

一、再编"汉服"

民俗主义是指无数脱离了原先母体、时空文脉和意义、功能的民俗或其碎片，得以在全新的社会状况之下和新的文化脉络之中被消费、展示、演出、利用，被重组、再编、混搭和自由组合，并因此具备了全新的意义、功能、目的以及价值，由此产生的民俗现象。[1]这种民俗主义现象在商业语境的汉服运动中十分明显。首先就是从汉服运动对汉服形态的再编开始。虽然对汉服的实践是在本质主义理念指导下进行的，但从结果上看，早期汉服运动中的"汉服"与当下实践中的"汉服"，在形态上已然发生了巨大变化。甚至当初所实践的许多"汉服"在当下已不再被汉服运动主流观点认为是"汉服"。并且亦很难说，当下所谓的"汉服"在未来是否依然可以被称为"汉服"。汉服运动其实始终都在不断地对"汉服"进行再编重演。

"所谓复兴是传统中断之后发生的有意识的人为现象，民俗学

---

[1] 参见周星、王霄冰主编《现代民俗学的视野与方向：民俗主义·本真性·公共民俗学·日常生活（全2册）》，商务印书馆2018年版，第2页。

家大多视之为模仿而投以怀疑的目光。"[1]奥斯卡·布莱纳（Oskar Brenner）曾发现，"在民俗服装的复兴地区至今都只是'捏造，甚至可以说是造假'"[2]。霍布斯鲍姆在《传统的发明》中揭示过，"那些表面看起来或者声称是古老的'传统'，其起源的时间往往是相当晚近的，而且有时是被发明出来的"[3]。河野真从民俗主义观点认为，理解这种"变形"的民俗文化，应打破"本真性"的框架，从"可变性"的角度出发，与其对其进行"真与假"的二分法判断，不如将其理解为民俗文化的变化过程。[4]事实上，即便是作为古代汉人衣装民俗的汉服，在数千年的历史长河中，无论是形态还是工艺都在不断演变。所谓的"原生态"，亦并没有一个标准模板——这也是导致当代汉服运动始终无法在"汉服"标准上形成共识的根本原因。那么，以"连续性"的视角来看待汉服运动对汉服的再编，也可以将其视为古代汉族服饰民俗在当代的文化变迁。

在这样的民俗事象变迁过程中，汉服的商业化起到了十分关键的推动作用。在早期的汉服商业结构中，汉服商家、汉服同袍、汉

---

[1] [日]八木康幸：《关于伪民俗和民俗主义的备忘录——以美国民俗学的讨论为中心》，周星译自《日本民俗学》第236号，载周星、王霄冰主编《现代民俗学的视野与方向：民俗主义·本真性·公共民俗学·日常生活（全2册）》，商务印书馆2018年版，第586页。

[2] [德]汉斯·莫泽：《民俗主义作为民俗学研究的问题》，简涛译，载周星、王霄冰主编《现代民俗学的视野与方向：民俗主义·本真性·公共民俗学·日常生活（全2册）》，商务印书馆2018年版，第85页。

[3] [英]E.霍布斯鲍姆、[英]T.兰格：《传统的发明》，顾杭、庞冠群译，译林出版社2004年版，第1页。

[4] 参见［日］河野眞『ナトゥラリズムとシニシズムの彼方 フォークロリズムの理解のために（1）』，日本『文明21』2007年第19期。

服消费者是高度重合的。而现在，汉服实践与汉服运动已不再那么一体化。汉服商家、汉服同袍、汉服爱好者分别有各自的立场与涉足汉服文化的目的。此外，汉服商家对汉服运动起到了重要的推动作用，但并不起决定性作用。汉服商家销售汉服，受到生产成本制约与同袍的文化监督。在汉服产业中，汉服运动的文化指导依然拥有比较高的话语权。

二、拼贴、展示、消费主义

将祭礼、舞蹈、衣饰、工艺等被有意识地商品化的情形，德国民俗学使用民俗主义这个词来指称。[1] 我们时代的民俗主义，初始取决于商业利益，却紧紧镶嵌在旅游业和休闲业这两个非常重要的经济领域中。[2] 这点在汉服运动中也毫不例外，亦可以说是汉服运动中民俗主义现象尤为突出的典型领域。

汉服商业化后便自然成为文化产业中的一员。"国潮艺术具有民族性、商业性、流行性、反叛性、解构性和视觉性的风格特征。"[3]

---

[1] 参见［日］八木康幸《关于伪民俗和民俗主义的备忘录——以美国民俗学的讨论为中心》，周星译自《日本民俗学》第236号，载周星、王霄冰主编《现代民俗学的视野与方向：民俗主义·本真性·公共民俗学·日常生活（全2册）》，商务印书馆2018年版，第585页。

[2] 参见［德］汉斯·莫泽《论当代民俗主义》，简涛译，载周星、王霄冰主编《现代民俗学的视野与方向：民俗主义·本真性·公共民俗学·日常生活（全2册）》，商务印书馆2018年版，第52页。

[3] 魏旭燕等：《文创经济背景下国潮艺术的发展现状及风格特色探究》，《北京文化创意》2021年第4期。

上述考察中不难发现，国潮是一个多元的大筐子，只要是与"中国"有关联的东西都可以往里面装。国潮中的那些"传统"只需看起来是有意思的、可消遣的、够劲儿的、能让人产生消费欲的，其"真"与"伪"并不太重要。民俗旅游、地方创生亦是如此。他们寻求的是吸引力，至于是否是风景的、历史的、民俗主义的、或者任何其他新奇的因素，都无所谓。[1] 西塘汉服文化周其本质是借民族服饰保护创办地方旅游项目，但它并不是这种模式的先行者。早在19世纪末期，欧洲地区旅游业和服装保护之间就已经建立起了密切关系。如"奥地利旅游俱乐部的会员做了一项引人注目的报告《民俗学和民间特色的意义以及对旅游业的作用》，作为对濒危的'服装和风俗习惯的民族财富的'拯救行动'"[2]。在商业会展、走秀中，汉服模特们被训练得十分具有现代商业表演的素养，与一般穿衣裳过日子的老百姓大相径庭，无论于古代还是现代，都是完全脱离日常民俗的。此外，像在"China Joy"的活动现场，汉服、Cosplay装，以及JK制服、洛丽塔、和服、旗袍、甲胄等种类服饰也以商品、商品图案、展示服、表演服、卡通画报、参展者自身着装等多种形式齐聚一堂。

将民族文化包装成商品诱导消费，使部分同袍对汉服运动的将来是否会被商家、资本带入歧途产生担忧。这也是近几年各大汉服

---

[1] 参见[德]汉斯·莫泽《民俗主义作为民俗学研究的问题》，筒涛译，载周星、王霄冰主编《现代民俗学的视野与方向：民俗主义·本真性·公共民俗学·日常生活（全2册）》，商务印书馆2018年版，第93页。

[2] [德]汉斯·莫泽：《民俗主义作为民俗学研究的问题》，筒涛译，载周星、王霄冰主编《现代民俗学的视野与方向：民俗主义·本真性·公共民俗学·日常生活（全2册）》，商务印书馆2018年版，第83页。

商业走秀、展览等在部分同袍中存在一定争议的原因之一。"文化搭台，经济唱戏"的表述因为有贬低文化并将其工具化之嫌，本身亦常会遭到部分文化界人士的批评。[1] 周星曾对乡村旅游民俗主义中不少失败案例评价过："过度的商业化导致淳朴的民风发生变异，民俗主义式的文化变革如果过于以城市化为导向，就会弱化乃至于失去乡村的特色与韵味，从而使得游客有关乡村农家的美好意象逐渐消失甚或恶化，很快地，他或她们就会扬长而去，重新寻找新的心灵绿地。"[2] 汉服在商业化的同时也确实应该对这些失败案例引以为戒。但同时也需理解，民俗与经济领域的相互交织不是什么新鲜事。[3] 这些参与商业活动的主办方、商家或表演者们，也不能完全说他们没有复兴汉服的心愿或意图。且如果汉服消费者购买汉服仅仅是为了拥有一件民族服饰，使其在重要场合以做身份标识，那么商家自然无法盈利，汉服市场终将枯竭。这亦会在各方面对汉服复兴造成阻碍。商业语境中的汉服运动，消费主义用通俗的语言表达汉服文化，这也加速了汉服文化的传播，扩大了汉服文化的认知度与认可度。无论如何，于汉服运动而言，对传统／古典文化的传承保护、民族情怀的精神寄托，以及对民俗世界的憧憬，始终是最为内核的部分。

---

[1] 参见周星《民俗主义在当代中国》，载周星、王霄冰主编《现代民俗学的视野与方向：民俗主义·本真性·公共民俗学·日常生活（全2册）》，商务印书馆2018年版，第515页。

[2] 周星：《乡村旅游与民俗主义》，《旅游学刊》2019年第6期。

[3] 参见［德］赫尔曼·鲍辛格《关于民俗主义批评的批评》，简涛译，载周星、王霄冰主编《现代民俗学的视野与方向：民俗主义·本真性·公共民俗学·日常生活（全2册）》，商务印书馆2018年版，第101页。

结语

汉服运动中的民俗主义
——生活革命下中国都市青年多样的文化生活

结语　汉服运动中的民俗主义

汉服运动是以中国古代汉族服饰文化为蓝本建构当代汉族民族服饰文化的实践活动。民俗主义"是民俗的适应、再生产和变迁的过程"[1]，汉服运动中的民俗主义现象，即指在此实践过程中，将古代汉族服饰完整或碎片化的遗留物，以及与服饰相关的人文、技术、风情、道具等文化物品，放置在当代中国新的文化、经济、社会背景及语境下，重新发现、挖掘、考据、重组、包装、展示、利用、消费等现象。这里必须注意的是：其一，在汉服运动理论中，"汉服"，即到明末清初为止的古代汉族人的民俗服饰，已断代300多年，因此当代中国民间并不存在关于这类服饰民俗较为完整的文化样本。汉服及其文化本身并没有"代代相传"的连续性与传承性，并不是通常民俗学所指的"传统文化"或"民俗文化"。笔者更倾向于将其理解为跨越历史时空的"嫁接民俗"。当然，"民俗"与"历史"本身也有着十分紧密的联系。从研究现存的民俗现象入手，再现民俗的历史，是日本民俗学之父柳田国男最早提出的民俗学的研究目

---

[1]　［美］古提斯·史密什：《民俗主义再检省》，宋颖译，《民间文化论坛》2017年第3期。

的。[1]显然，汉服运动是这一关系的反向实践。即通过对历史文化的挖掘与再现，重新生产、建构与之相关的当代民俗。其二，与一般将民俗主义现象理解为对原生态旧民俗重构的"二手民俗"不同，当代汉服运动中所谓的旧民俗，即同袍所认为的古代汉人的服饰民俗，其本身就是基于历史文献、文物素材的推断，以及对古代社会的想象，或受到部分影视作品影响的基础上建构出的非原生态民俗。因此，当代汉服运动中的民俗主义现象，也可以说是基于这些非原生态民俗之上的多手改造。

如何将传统建构成具有都市性审美的时尚品，是当下汉服运动比较典型的一个实践意识。就传统的民俗学而言，民俗学知识的回归与具有民间教育倾向的大众启蒙出版物有关，它的发展与晚期浪漫主义休闲文学中的农村故事相关联，然后是地方性的家乡出版物的产生，最终通过大众媒体被传播，旅游业的中介作用也不容低估。[2]在笔者看来，当下的同袍多少延续了早期同袍对古代民俗进行浪漫化的底色，加之受到民俗主义现象影响[3]，以及通过旅游、出版物及网络传媒的快速传播获取的国外民俗知识、实践活动等信息，都使这些新一代中国都市青年对"民俗"有了新的理解。河野真认为，民俗主义已经无处不在，作为来自从前的民俗，在今天只能是极度

---

[1] 参见何彬《日本民俗学学术史及研究法略述》，载周星主编《民俗学的历史、理论与方法（全二册）》，商务印书馆2006年版，第198页。

[2] 参见ハンス・モーザー『民俗学の研究課題としてのフォークロリズム』，载河野眞訳、河野眞『フォークロリズから見た今日の民俗文化』，日本創土社2012年版，第363—448页。

[3] 参见周星《民俗主义在当代中国》，载周星、王霄冰主编《现代民俗学的视野与方向：民俗主义・本真性・公共民俗学・日常生活（全2册）》，商务印书馆2018年版，第513—529页。

限定的存在；不仅如此，甚至可以说和过去的意义、功能等完全相同的民俗，几乎在任何地方都不复存在。[1]因此可以说，当代都市青年所认知与理解的大部分"民俗"，本身即是民俗主义现象中的"民俗"，亦可以说是他们浪漫主义的产生来源。因此笔者认为，对民俗的浪漫化建构并不是汉服运动独有的特征，而是当代众多民俗活动、文化项目中都十分普遍且不可避免的现象。

当下汉服运动实践中诸多有趣的现象，都是十分典型的民俗主义。若将这些实践放置在中国社会的大环境下可以发现，汉服运动中的民俗主义，产生于当下中国都市青年对民俗传统及古典文化浪漫式的认知与理解，也可以说是都市青年生活多元化的产物。关注汉服运动的人们应该意识到，在当下本就充斥着民俗主义的大环境里，无必要执着于汉服运动中的真真假假。以笔者的浅见，当下的汉服运动，其同袍对传统多元的解读、对文化的热情创造、对生活世界天马行空的畅想等品质是更为值得关注及肯定的地方。正如古提斯·史密什所认为的：民俗主义的实践者都是"魅力无限的、充满创造力的艺术家"[2]。与此同时，我们也能够通过汉服运动窥见当下中国的年轻群体，在物质上已经具备了一定的基础，正在转向追求精神层面的美好生活。因此，汉服运动，表面而言是民族意识觉醒，文化自觉的结果，而终究是社会大环境下的产物。这一点在发展至今的当下汉服运动各种文化现象中清晰可见。改革开放后中国社会逐步建立的经济、政策、科技、文化等环境组建成了当代中

---

[1] 参见 [日] 河野真『〈ユビキタス〉な民俗文化』，载河野真訳、河野真『フォークロリズから見た今日の民俗文化』，日本創土社 2012 年版，第 121—139 页。
[2] [美] 古提斯·史密什：《民俗主义再检省》，宋颖译，《民间文化论坛》2017 年第 3 期。

国都市的日常生活，这无疑是当代汉服运动得以在都市兴起并实践至今的土壤。而汉服能在这片土壤生根开花，归根结底是因为它满足了生活革命下中国青年多样化的生活需求。这种多样化表现为以下几点：

首先是服装生活多样化的需求。这可以说是市场经济主导的时装社会下最为显著的服装生活特征。具体表现在两个层面。于同袍层面而言，他们在实践汉服时越发变得有创意，也很独具个人的想法。在此基础上，根据同袍们各自不同的复兴理念，汉服圈中也分化出许多大大小小的流派，这些流派相互之间既有对抗也有重合。同时，他们中大部分人也并不会局限于一种风格，而是会尝试不同的形象，塑造百变的自我，完全符合当下年轻群体对日常时装造型的心态。于社会层面而言，"在时尚流行周期中，总会有一小部分采用新想法进而行动的群体……他们往往对同质化的服饰产品容易产生不满"[1]。这种需求促成了当下各类小众服饰群体的兴起，而尚未发展为主流服装的汉服恰如其分地满足了部分个性群体追求服装特别感的需求。另一方面，在实际的汉服实践活动中，众人对"汉服"的性质有各自的理解。除了同袍所明确定义的"汉民族传统服饰"外，还有中国风潮流（个性装）、漂亮衣服/小裙子（日常时装）、古风/影视风服装（古装）、角色扮演服装（道具服装）等，这也丰富了汉服的功能性，能满足不同需求。

其次是文娱多样化的需求。汉服不是生存或生活必需物资，而是一种超越温饱需求的精神性消费品。同袍对汉服的需求多伴随文娱需求。如汉服实践中涉及的摄影摄像、收藏、商业会展、民俗旅游、

---

[1] 阮雅婷等：《社群时代下的小众服饰营销策略》，《美术大观》2018年第10期。

国潮经济，以及在互联网平台互动交友、分享穿搭、展示日常等等，本身都是可以脱离汉服独立存在的大众文娱项目。这些娱乐方式都是有别于传统社会的，是当代生活者的新民俗事象，是正在发生的生活革命。另外，汉服实践中涉及的民俗祭祀、传统庆典礼仪这些看似庄重虔诚的文化，在汉服运动兴起前也多是以官方或旅游景点主办的文娱表演形式而存在。同袍们以汉服运动为契机，从观看者直接变成了表演者，在参与的过程中获得满足。此外，当代都市中流行的传统民俗工艺、艺术等，其实也早已脱离了当初"日常生活"的语境，成为一种小众兴趣，这些"民俗"得以传承的方式与路径自然也和过去大有不同。[1] 如今，这些文娱项目加入了汉服元素，更显韵味。当然，汉服文化本身也顺势成为当代文娱项目中的一个门类。

最后是消费多样化的需求。在社交网或线下互动中，常常可以看到"求汉服安利"的需求互动。不能及时找到能够让自己产生消费欲望的汉服，有时对部分同袍而言是一种精神缺失。适当消费能够产生愉悦，合理范围内的多样性消费，在一定程度上可以帮助人们缓解压力，为乏味的生活增添趣味，建构温饱之上的精神性的美好生活。亚文化在当下的媒介和社会环境下，商业嵌入、消费主义收编的现象日益突出。[2] 作为都市新中产阶级所引导的当下小众亚文化之一的汉服文化也必然会成为被消费的商品。在这一过程中，汉服商家的推动是不可或缺的力量。此外，新媒体下的社群时代，消费者可以通过用户评价、社交媒体介绍等渠道获得产品质量信息，

---

[1] 参见徐赣丽《当代民俗传承途径的变迁及相关问题》，《民俗研究》2015年第3期。
[2] 参见周连勇《数字媒介展演下的青年亚文化流变——基于"新媒体与青年亚文化"的研究综述》，《山东青年政治学院学报》2021年第2期。

小众群体成员间的口耳相传会影响彼此的决定。[1] 同袍将自己的汉服穿搭、汉服生活进行展示、分享，既是汉服文化对外传播的途径，更是同袍之间相互刺激审美、生产消费符号、制造消费欲望的内部互动。"群体中的意见领袖的口碑可能会引领群体其他成员的追随"[2]，这也是汉服实践中会出现知名穿搭博主、"种草机"等身份的原因。

总之，同袍对汉服文化实践的情感需求与行为方式，在汉服圈以外的生活、娱乐、经济、文化等领域都可以找到相同或相似的影子。服装生活并不是独立存在的，它本身会与老百姓其他方面的生活发生密切联系。生活革命中民俗事象发生的一系列变迁，会带来社会价值观和生活意识的各种变化。[3] 当下汉服运动的种种民俗主义现象，亦与这些密不可分。汉服文化发展至今，其渗透面之广、话题度之高、商业产值年年攀升，其实也已很难再将其绝对地视为小众群体的亚文化。至少在当下年轻群体的服饰生活中具有一定的流行度，是他们可供日常出街服饰中的一类。周星认为："从建构主义民俗学的立场出发，所有的传统与民俗，包括民俗主义，均是以某种方式被人为建构，也因此，民俗主义和民俗本没有本质的区分，民俗主义就是民俗。"[4] 汉服运动对传统文化的再发现与再生产，已然构成了当代以年轻群体为主的都市新民俗景象之一。

---

[1] 参见阮雅婷等《社群时代下的小众服饰营销策略》，《美术大观》2018年第10期。
[2] 阮雅婷等：《社群时代下的小众服饰营销策略》，《美术大观》2018年第10期。
[3] 参见周星《"生活革命"与中国民俗学的方向》，《民俗研究》2017年第1期。
[4] 周星：《民俗主义、反思科学与民俗学的实践性》，《民俗研究》2016年第3期。

附录

调查过程

本书基于笔者的博士论文与硕士论文中的部分内容改编而成。调查最早始于 2014 年年初，至 2022 年年初终止，总共历时 8 年。其中以 2019 年 8 月至 2021 年 2 月期间的调查为本书最核心的素材。在此，笔者想与读者们共享一下本研究大致的调查过程。

首先是文献资料调查。这是民俗学研究的一项基本调查方法，因此始终贯穿于本研究的整个过程。不过相对于传统的民俗调查对象而言，汉服运动的文献资料调查有一定的特殊性。其一，汉服运动兴起于 21 世纪初，是较为新生的事物，有关汉服运动的文献记录相对较少。其二，汉服运动兴起于互联网，其实践活动"几乎一大半是发生在网络上，以网络虚拟社团为据点、为基点、为纽带而展开"[1]。因此汉服运动的相关信息很难通过地方志、民俗志、民俗词典、文学作品等常规的民俗资料获取，而是多以网络新闻、社区帖子、社交网互动为主。另外，如正文中所述，汉服运动是通过对历史文化的挖掘与再现来重新生产、建构现今新民俗的，在实践过

---

[1] 周星：《百年衣装——中式服装的谱系与汉服运动》，商务印书馆 2019 年版，第 261 页。

程中多以古代文献和考古资料作为论证依据,因此研究汉服运动,服装史类的文献资料亦十分重要。

其次是线上调查。伴随互联网时代的到来,线上调查也开始得到各学科的重视,在调查方法中有着举足轻重的地位。[1] 尤其是汉服运动本身就是兴起于互联网,因此线上调查对于汉服运动研究来说是一项必须的工作。"线上召集→线下活动→线上反馈",是几乎所有汉服虚拟或现实社团组织的常规模式。即便近些年同袍不再主要依靠汉服社团召集的活动进行汉服实践,而是更侧重个人实践,但活动过后多会进行线上反馈这一点始终未变。因此,在汉服网络社区对同袍们的发帖、留言、交易等各种互动模式进行考察是汉服运动研究十分关键的田野工作。值得一提的是,笔者在此次调查中深刻感受到,网络技术的升级使汉服运动的现实空间与网络空间的虚实边界感越发模糊。当 QQ、微信、微博等即时通信、社交软件安装在可随身携带的智能手机上,以往电脑"开机—关机"所带来的虚实转换的仪式感几乎解体,"在线"与"离线"状态可以随意切换,人们,尤其是那些手机不离手的人们,甚至可以做到时刻在线、永不离线。早期同袍于网上分享线下活动的成果,其发布时间总是会有延迟。如 2003 年,王乐天穿汉服的实践活动是 11 月 22 日上午 11 点至下午 4 点,而共享至网上却已是次日晚上 11 点 55 分,且主要是通过图片与文字进行的。如今,同袍可以将拍完的照片和编辑好的文案随时随地上传至网络进行实况转播。而 4G 网络普及带动的网络直播功能,更是能够将线下的汉服活动进行现场直播,让

---

[1] 参见刘忠魏《微信民族志:XT 水灾的微信民族志构想》,《思想战线》2017 年第 2 期。

无法在场的同袍或是偶然刷到直播视频的一般网民也能同步参与。作为传播者，同袍无须昂贵复杂的设备即可向外界传达，而信息的接收者也无须特意前往设有电脑设备的地方接收信息。例如由中国丝绸博物馆于 2020 年 5 月 23 日主办的第三届"国丝汉服节"，因受该年新冠疫情的影响无法如往期一般展开大型线下活动。然而得益于网络直播，除了许多同袍遗憾不能亲临现场外，并没有使该次活动在对汉服文化的传播上受到至关重要的影响。活动当天，不仅有活动主办方对活动主会场进行高清现场直播，在会场的其他相关人员也会通过个人手机进行直播，或是录制视频、拍摄照片，并在第一时间发送到个人的社交网上分享。智能手机与 4G 网络的普及，使同袍"线上"与"线下"的状态不再是绝对对立的关系。当"线上"与"线下"的延迟性被打破、开始变得趋向同步，也就意味着在某些场景中，汉服信息的传播者是可以同时并存于现实空间与网络空间的。总体而言，本研究的线上调查项目主要有以下几个方面。

1. 对线下跟访的个人及社团同步进行线上跟访。

2. 对微博、抖音、小红书、哔哩哔哩、微信朋友圈／公众号、QQ/QQ 空间、淘宝／闲鱼等汉服运动实践较为活跃的几个社交平台、电商平台进行长期潜水考察及参与观察。如浏览同袍的投稿、留言，主动在社交平台上跟帖互动咨询，主动进行汉服交易，主动在社交网发布汉服活动的动态或参与汉服话题讨论等，以此深入考察同袍之间的评价、纠纷、社交规则等互动。

3. 在汉服运动的"科普""交易"等网络平台收集汉服运动相关的新闻报道、文本、图片资料。

同时，周星在其汉服运动研究中指出："要理解同袍们的认同意识，既要关注他们在网络虚拟世界的'线上'交流，也应关注其在'线下'现实生活中的具体文化实践。"研究者"必须意识到网络调查有时候可能会难深入，尤其是要意识到网络虚拟社区并不是我们的全部的研究对象，亦即不是同袍亚文化社群的全部。"[1] 因此，线上调查的同时回归传统的线下田野调查，也是全面理解汉服运动，理解汉服运动之于实践者的生活意义，以及了解其在现实中究竟取得了多少成果的必要工作。笔者于2019年8月至2021年2月分别对不同类型的汉服团体及同袍个人进行了跟访及专访调查。其中包括汉服运动汉洋折衷流派发起人"相知惠"、知名汉服穿搭博主"蝈蝈"、汉服爱好者"手脚冰凉"，以及数位在汉服社团、汉服活动等场合结识的同袍。其间，笔者于中国江南地区（上海·无锡·嘉兴等地）进行了线下田野调查。主要是对无锡汉新社（社会团体）与华东师范大学洛瑛汉服社（学生团体）进行了跟访调查，并与成员们一同参与社团活动。此外，也参与及考察了该片地区举办的各项汉服相关的活动和中国古代服饰资料设施。主要情况如下：

· 2019年8月31日，与包括两名管理员在内的5位汉新社成员，于无锡市锡惠公园内进行汉服商家模特摄影工作与小聚。

· 2019年9月20日，参与考察洛瑛汉服社召开的当届社团新人大会。

---

[1] 周星：《百年衣装——中式服装的谱系与汉服运动》，商务印书馆2019年版，第281页。

- 2019年9月26日，与"手脚冰凉"于无锡锡惠公园穿汉服赏秋景。

- 2019年9月27日，于华东师范大学闵行校区第二教学楼对洛瑛汉服社社长进行单独访谈。

- 2019年9月28日，参与考察汉新社于无锡市南长街清名桥古运河景区进行《祝福祖国70华诞》公益片拍摄活动。

- 2019年10月25日至26日，于嘉兴市嘉善县西塘古镇与"手脚冰凉"参加"西塘汉服文化周"活动。

- 2019年10月29日，于华东师范大学闵行校区参加考察该校的"民俗文化节"活动。

- 2019年11月13日，于华东师范大学闵行校区参加考察洛瑛汉服社"汉服发型教程"活动。

- 2019年11月15日，于苏州与汉洋折衷发起人"相知惠"线下见面访谈。

- 2019年11月19日，与"手脚冰凉"于无锡太湖鼋头渚风景区穿汉服赏冬景。

- 2019年11月24日，参与考察汉新社于无锡市南长街清名桥古运河景区举办的"汉服出行日"游街活动。

- 2020年3月20日，于无锡太湖鼋头渚风景区樱花谷考察穿汉服赏花情况。

- 2020 年 3 月 24 日，于无锡蠡园风景区考察穿汉服赏花情况。

- 2020 年 4 月 28 日，于无锡拈花湾景区考察穿汉服游园以及景区租赁、销售汉服等情况。

- 2020 年 4 月 30 日，参与考察汉新社于南长街清名桥古运河景区进行的"'溪'有青年文化节"五四青年节夜巡活动（受共青团无锡市梁溪区委员会委托）。

- 2020 年 7 月 4 日，考察于上海新国际博览中心"上海国际健身展"展区进行，由"雅合华风"与"万师堂全甲格斗"联合举办的"汉服 & 甲胄展演"活动。

- 2020 年 7 月 18 日，参与考察于无锡市城中古街小娄巷进行的"西施选拔赛"活动，该活动由无锡"二泉网"与其他数家媒体公司联合举办，汉新社成员穿汉服当评委或围观助阵。

- 2020 年 8 月 1 日，于上海新国际博览中心，考察"China Joy"及其中的汉服展区。

- 2020 年 8 月 8 日，参与考察汉新社于无锡市南长街清名桥古运河景区举办的三段开幕式中的夜巡活动（受共青团无锡市梁溪区委员会委托）。

- 2020 年 9 月 8 日，于上海与知名汉服穿搭博主"蝈蝈"进行线下访谈。

- 2020 年 9 月 19 日，于杭州丝绸博物馆参观中国古代服饰常设展及织造工艺常设展。

- 2020年11月22日，参与考察汉新社于无锡梅园景区进行的"汉服出行日"游街活动。

- 2020年11月22日，考察无锡汉服社团联盟[1]于无锡市荣巷古街举办的"无锡汉服节巡游暨荣巷古镇汉服形象代言人选拔"活动，以及"无锡汉服社团联盟——汉文化推广大使"颁奖仪式后半场。

- 2020年11月22日，参与考察无锡汉服社团联盟与当地茶艺社、古琴社联合举办的传统文化雅集。

- 2020年11月30日，与"手脚冰凉"于无锡惠山古镇穿汉服赏秋景。

除了以上对汉服运动本身的调查外，为了更好地理解汉服运动部分流派，以及考察汉服与和服分别在其所属社会当下的实际状态，笔者在汉服运动研究中也同样采用了比较考察的方法。汉服运动作为一个志在复兴并重构汉民族传统服饰体系的文化运动，其本身就是在与其他民族服饰的比较与刺激中兴起的。在整个探索过程中，亦在不断与其他民族服饰作比较。这些比较的结果，既可以作为汉服复兴的正当性的依据，也可以是重构汉服体系与文化的参考物。与和服的比较考察是笔者硕士论文的主要研究方法。研究期间除了查阅了许多有关和服的文献资料外，笔者于2014年春季至2016年夏季在日本福冈县进行了两年多的田野调查，主要有：1.参加和服租赁店"まゆの会"举办的"留学生国际交流赏樱活动（与当地国

---

[1] 汉新社以外的无锡市内其他数个汉服社团的联合组织。

际交流团队'Whatsfukuoka'共同举办)""留学生国际交流和服秀""日本精进料理会"等和服活动,并对该租赁店经营者进行了一次访谈。2. 参与考察日本舞"西川流"流派开设的日本舞稽古教室,以及该教室举办的面向公众的留学生国际交流"鲤の会"日本舞演出。其间与稽古老师进行了数次杂谈。3. 与当地某和服俱乐部一起参加了福冈县太宰府市举办的"天神祭り"庙会。主要考察了庙会中的浴衣选秀活动,并与俱乐部成员(包括太宰府市某和服租赁店经营者)在聚餐时进行了访谈交流。4. 考察花火大会、成人式、毕业典礼等使用和服较多的活动。5. 对当地各年龄层的日本人做了有关自身对和服的使用及看法的问卷调查。以上田野调查的资料也运用在论文《汉服运动的现状与问题——与和服的比较考察》中。博士论文的研究在上述基础上进行了一些补充,主要有:1. 2019年6月5日至6日前往京都,走访了一家和服租赁店和三家友禅染工坊(手绘染、型染和补正)。在和服租赁店的走访中,主要对店长进行了访谈,了解了现代时装普及后,和服如何在新的场域中被再生产与再利用,以及和服在观光产业这一新场域中的现状。在三家友禅染工坊的走访中,首先体验了作为和服美学工艺之瑰宝的友禅染的制作过程。其次,在与三家友禅染工坊负责人的访谈中了解到和服传承场域的困境,其原因之一就是工业化生产技术的兴起。如用服装中的数码打印纹样技术代替传统手工染色,可使友禅和服造价缩至约三分之一,这种和服多用于和服租赁。这也使得其中一位负责人批评京都观光产业中的和服为"假传统"。这种新旧场域中的对抗,和汉服运动中"考据"与"创新"之间的对抗极为相似,也是民俗主义的一个典型事例。2. 同期在京都清水寺附近考察观光客的和服使用情况,并访谈了一组从群马县来京都穿着租赁和服进行修学旅行的中学生。访谈中了解到,因在群马几乎见不到穿和服的景象,学生们在当地不好意思穿和服，所以到了京都专程租赁了和服游玩，并且认为在京都穿着和服更应景。3. 2019年8月8日，于京都走访了设计2020年东京奥运会和服之白俄罗斯风和服的设计师奥野女士。重点交流了和服在日本的传承现状，以及白俄罗斯风奥运会和服的设计灵感来源、素材收集、创作过程，和她本人学习设计的经历等。这些都对笔者考察当代汉服织染绣的美学建构实践提供了参照。

  以上是本书的大致调查过程。这些调查距离本书出版已间隔数年，汉服运动的实践也多少发生了些许变化。但汉服运动中依然充满着各种民俗主义现象，同袍对汉族服饰文化的再发现与再生产亦始终未停歇。笔者出版本书，一是希望带领读者纵观汉服运动于当代中国社会以及中国民俗的意义，二是希望能够将这一时期的汉服运动实践记录下来，为今后研究汉服运动的学者在素材上贡献微薄之力。

谢辞

谢 辞

十分感谢导师周星教授、唐燕霞教授，以及其他诸位为本研究的完成提供帮助的教授、学者、受访者、资料提供者等人士。该研究成果是大家共同铸成的。

笔者从 2003 年年初就开始思考汉族服饰的问题，2007 年从新闻中得知了"汉服"及"汉服运动"，以此为起点正式关注汉服的复兴及汉服运动的发展。由于当时笔者为美术生，因此起初尤其关注汉服"美"的问题。2011 年，笔者进入日本福冈大学人文学部文化学科，大二至大三两年期间参加美术史、美术论的课程学习，大四在日本美术研究的植野健造教授的指导下完成了《中国唐时代的女性时尚》学士论文。在此过程中，学习到了研究服饰的部分视点：首先，服饰研究不应仅仅着眼服饰的形制、纹样、配色，还应该关注服饰的材质、配饰、妆容、发型等整体造型。其次，一个时代的服饰造型之所以会有某种特定的风格，是其所处时代的政治背景、社会风气、文化交流、生产水平等多方因素共同促成的，谓之"时代特征"，因此是独一无二不可复制的。最后，是在研究的过程中意识到，有关服饰的软文化，尤其是美学方面，往往会集中体现在女性服饰上，而男性服饰则更侧重反映服饰的制度性、政治性，这似乎是大部分国家或民族共有的现象。基于本科的学习成果，笔者进入同大学人文科学研究科社会文化论专攻，跟随白川琢磨教授（指导）与植野健造教授（副指导）[1]攻读硕士，进行更为深入的研究，完成了《汉服运动的实践与问题——与和服的比较考察》硕士论文。在研究过程中，白川琢磨教授为笔者提供了文化人类学的学术框架，并具体到了"东方主义"与"建构主义"的研究视角。尤其是霍布斯鲍姆在《传统的发明》中所揭示的"那些表面看起来或者声称是古老的'传统'，其起源的时间是往往是相当晚近的，而且有时是被发明出来的"，让笔者明白了原来"传统"是可以被建构的。这一点在和服的田野调查中亦十分显著，如笔者以为的成人式、毕业典礼、花火大会穿着和服的景象是日本"自古有之"的文化传统，但事实上这些都是近几十年或在商业的推动，或受漫画的影响下才形成的现象。再如当下和服的美学、造型，实际亦在不断翻新花样等。与此同时，植野健造教授为笔者提供了"考现学"的研究视角，使笔者在田野考察等过程中更为注重一些十分细枝末节的部分。如在日本人的观念里，"和服"是否包含古代服饰[2]，日本人对和服知识的解说与实际实践的区别[3]等。笔者将这些对和服的考察与汉服的现状问题

---

[1] 当时植野健造教授未有收硕士学生的资格。
[2] 介于汉服运动的百花齐放的全朝代复兴，笔者在考察中发现了和服造型高度统一，且皆为定型于江户时代末期的"小袖"形制，于是对应汉服引发了这样的思索。
[3] 如在和服知识体系中，"浴衣"不属于"着物"，但在实际实践中，"浴衣"又会被作为"夏季着物"作为主打商品于着物店出售。["着物"在中文中直接被译为"和服"，因此在中国会有"浴衣不是和服"的说法。实际情况是"着物"与"浴衣"都是和服的种类，只是当代日本主要以"着物"体系（包括振袖、留袖、访问服、小纹等）来表达和服，日常习惯用"着物"而非"和服"来称呼日本服饰。]

点——对应，反馈在汉服运动的实践中。此外，在对汉服运动现状的研究部分，笔者专门请教了华东师范大学的民俗学学者徐赣丽教授与爱知大学（现调入神奈川大学）的文化人类学、民俗学学者周星教授。两位教授在当时都与笔者只有一面之缘，然而都愿意在百忙之中抽时间对笔者进行悉心指点。访问徐教授时，教授怕笔者不认路，在2月的严寒中独自站在校门口接应笔者。后在笔者读博期间，亦带笔者参加课程旁听，帮助笔者补习民俗学的理论知识；周教授，这位被笔者当时的导师白川教授评价为"特别了不起的中国学者，寻访他的人比山还多"的学者，为解答笔者的几个小问题，特意开了线上视频与笔者长谈，每一个点都仔细讲解。这种对晚生后辈的关爱与负责，笔者铭记于心，时刻感恩。具体到研究的帮助上，周星教授为笔者进一步梳理了民族服饰建构的研究，提供了民族服饰具有"场景性"的思考意识。徐赣丽教授在看完笔者的论文初稿后修正了笔者论文的书写逻辑，向笔者强调了做此类研究时进行田野调查的重要性，并点醒了笔者作为文化人类学／民俗学学术研究者所应具备的核心意识——"你现在是一个研究者，不是实践者，你不应当直接参与汉服运动的实践，而应该作为一个旁观者观察他们的活动"。徐教授的一席话提醒了我在汉服运动研究中应时刻注意把控情感。白川琢磨教授也在之后的课堂上强调民俗学研究应该是"○○を考える（思考○○）"而不是"○○で考える（在○○中思考）"。周星教授也时常提醒学生在田野调查，尤其是参与观察时应该要"进得去，出得来"。这些警言时刻提醒笔者要在最大限度上不受喜好与主观情感干预，秉持中立的研究态度，参与汉服运动时尽情融入，思考汉服运动时保持距离，尤其是要听得进刺耳的声音。通过硕士阶段的研究过程，笔者真正感受到了学术研究的乐趣，并决定跟随周星教授继续读博深造。值得一提的是，由于周星教授的人事调动，

2020年4月起，笔者转入社会学学者唐燕霞教授名下学习。民俗学与社会学虽有着比较多的关联性，在考察范围上也会出现许多重合的地方，但两者的着眼点却不同。如同样为都市研究，周星教授曾谈道："民俗学家也许将比社会学家更善于从日常生活的细微之处，发现人民生活的本质内容与价值准则。"北欧民俗学家亨格纳也认为："社会学关注城市的整体和结构，而民俗学关注城市中的人和个体以及他们如何体验、如何做事。"[1]在唐老师的指导期间笔者亦深感，相对于略带人文关怀的民俗学，社会学的思考方式显得更为理性、结构性。唐老师的学术背景，不仅丰富了笔者新的思考方式，亦进一步加强了笔者理论结构的意识。

除了教授之外，笔者在此还要感谢华东师范大学洛瑛汉服社、无锡汉新社、汉洋折衷发起人"相知惠"、汉服穿搭博主"蝈蝈"、汉服运动先驱杨娜等汉服社团与汉服同袍。华东师范大学洛瑛汉服社的老社长"风冷袖"是笔者福冈大学在读期间的交换生校友，因都喜欢汉服而结缘。此次研究，"风冷袖"为笔者牵线，让笔者有机会长期跟访校园汉服社团。社团成员也都十分热情，有什么活动都会通知笔者参加，笔者的疑问都会一一回应。尤其是笔者与成员在年龄上已出现十多岁的代沟，很多汉服运动中新鲜的、年轻化的事物笔者并不是很了解，他们都会耐心解释或介绍。无锡汉新社是周星教授在数年前跟访的汉服社团。此次，笔者通过成员"怪阿姨"的引荐进入社团。因笔者本人不是很擅长社交，进入社团后，"怪阿姨"与其他几位管理员都积极向笔者介绍朋友，为笔者的田野调查给予方便。此外，社团的社长在数年前曾接受过周星教授的访谈，在得

---

[1] 徐赣丽：《中产阶级生活方式：都市民俗学新课题》，《民俗研究》2017年第4期。

知笔者为其学生后，也给予了笔者许多帮助，和笔者分享了许多作为一位老同袍的汉服运动实践经历。笔者虽然很早就关注汉服运动，但大都只停留在线上。通过老同袍线下面对面的自述，汉服运动的"过去"在笔者脑海里变得更为生动。在问卷调查工作中，两个社团的管理员都十分积极地为笔者在群内做宣传，鼓励大家花时间填写，笔者甚是感激。汉洋折衷发起人"相知惠"为笔者汉洋折衷部分的研究提供了巨大帮助。除了其本人对汉洋折衷的实践想法外，对笔者对当下汉服运动中的各种信息盲区，"相知惠"也是知无不言言无不尽，为笔者提供了许多研究线索。就连线下访谈，也是"相知惠"于苏州出差赶火车期间，抽空与笔者于候车室见的面，十分感激。此外，汉洋折衷部分的众多个案研究，也都是通过"相知惠"的牵线搭桥，笔者才能得以进行详细具体的考察分析，展现更多细节内容。因此这部分也是本研究中笔者个人最为满意、遗憾最少的部分。通过这场结识，"相知惠"如今也是笔者的一位可以谈天说地的挚友。汉服穿搭博主"蝈蝈"，为笔者提供了许多个人素材。事实上，笔者调查期间虽然得到过许多同袍的热情帮助，但也遇到过对笔者，或者说是对访问者／研究者抱有强烈戒备心或抵触感的同袍，吃过数次闭门羹。当然笔者对此十分理解，因为担心自己言行被误解、歪曲，或变成负面案例被刊登发表，是人之常情。尤其是汉服运动中较为活跃的、在网上露脸较多的网红们遇上这种情况的可能性非常大，甚至有可能为此遭受网络暴力。笔者在采访"蝈蝈"前其实也做好了会被防备甚至拒绝的准备，然而"蝈蝈"却非常热情，从自己如何知道汉服、参与汉服运动，到自己对汉服的理解、实践，正面的、负面的，都能侃侃而谈，甚至主动提出带笔者参观自己的工作室，为笔者提供更多更丰富的研究素材。当看到那些曾经只在她社交网上见过的场景或物品时，它们仿佛瞬间变得鲜活起来，这使笔者对"蝈蝈"的汉服实践有了更具体的理解。有关"蝈蝈"的访谈素材不仅运用在本研究中,部分内容也被笔者收入评论文章《当代青年的汉服时尚》登载于《中国文化报》上。杨娜姐是汉服运动先驱之一,在研究汉服时也接受过周星教授的指导。因同门关系,笔者在联系到杨娜姐后,立即得到了她的热情回应。杨娜姐当日便接受了笔者的电话访谈,并拉笔者入汉服运动先驱们建立的社交群。通过杨娜姐,笔者进一步了解了汉服运动先驱的复兴理念与实践特征,为笔者理解多面立体的汉服运动给予了巨大帮助。

最后,笔者希望借此机会感谢其他图片资料的提供者、匿名受访者、给予笔者帮助的和服文化实践者、和服工艺职人、和服商家,以及在研究过程与出版工作中为笔者提供支持、鼓励与帮助的中国艺术研究院安丽哲研究员、北京师范大学孟凡行教授、《中国文化报》编辑郑芋老师、文化艺术出版社编辑叶茹飞老师、书籍设计李亚琦老师等人士。

该研究是笔者的首作,其中不乏不成熟、不透彻、不完整的地方。尤其是笔者首次进行大范围的田野调查,面对庞大的素材,笔者自知对它们的把控力还不够。加之笔者不善与陌生人攀谈的性格,在取材方面亦有不少因留白而深感遗憾的地方,希望今后有机会可以弥补。笔者会总结此次研究的经验,着手下一个研究。再次感谢大家!

张小月
2024 年 6 月 30 日于东京